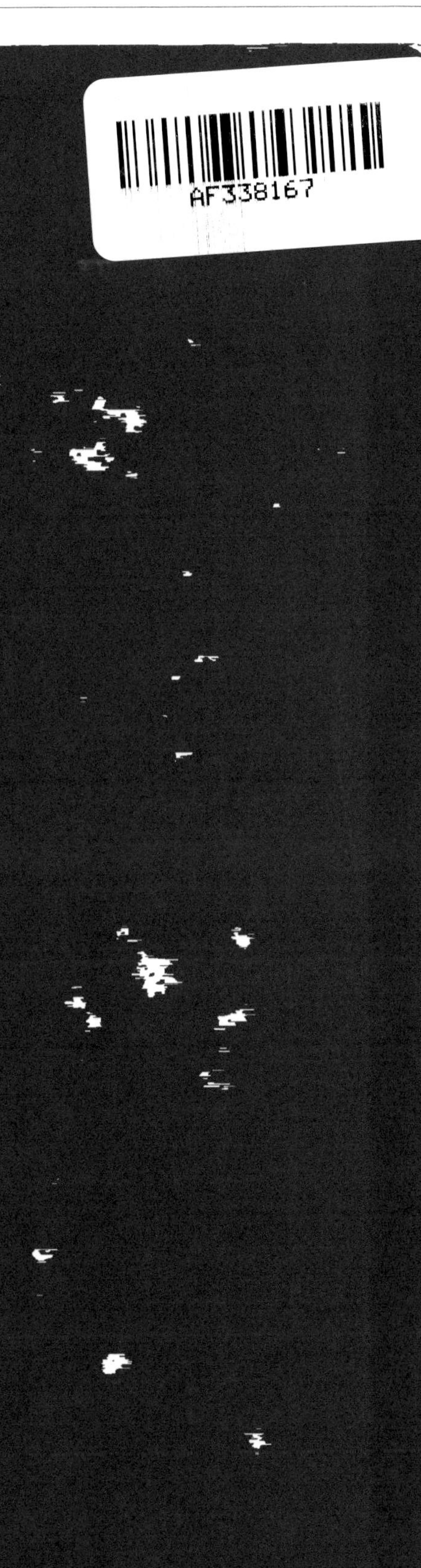

27283

ENCYCLOPÉDIE-RORET.

FABRICATION ET EMPLOI

DE LA

LEVURE

MANUELS-RORET

NOUVEAU MANUEL COMPLET

DU FABRICANT

DE

LEVURE

TRAITANT

DE SA COMPOSITION CHIMIQUE

DE SA PRODUCTION

ET DE SON EMPLOI DANS L'INDUSTRIE

principalement dans

LA BRASSERIE, LA DISTILLATION

LA BOULANGERIE

LA PATISSERIE, L'AMIDONNERIE ET LA PAPETERIE.

PAR

M. F. MALEPEYRE.

OUVRAGE ORNÉ DE FIGURES.

—◆◇◆—

PARIS

LIBRAIRIE ENCYCLOPÉDIQUE DE RORET

RUE HAUTEFEUILLE, 12

1875

Tous droits réservés.

AVIS

Le mérite des ouvrages de l'**Encyclopédie-Roret** leur a valu les honneurs de la traduction, de l'imitation et de la contrefaçon. Pour distinguer ce volume, il porte la signature de l'Editeur, qui se réserve le droit de le faire traduire dans toutes les langues, et de poursuivre, en vertu des lois, décrets et traités internationaux, toutes contrefaçons et toutes traductions faites au mépris de ses droits.

Le dépôt légal de ce Manuel a été fait dans le cours du mois de novembre 1874, et toutes les formalités prescrites par les traités ont été remplies dans les divers États avec lesquels la France a conclu des conventions littéraires.

NOUVEAU MANUEL COMPLET

DU FABRICANT

DE

LEVURE

INTRODUCTION.

Nous nous proposons dans ce petit traité de faire connaître le mode de fabrication de la substance à laquelle on a donné le nom de levure. Afin de rendre les explications dans lesquelles nous allons entrer d'une intelligence plus facile pour le lecteur, nous devons, dans notre exposition, suivre une marche méthodique et reprendre le sujet un peu plus haut, ce qui, tout en répandant plus de lumière sur la matière que nous traiterons, lui donnera aussi plus d'utilité quand on voudra faire une application des procédés que nous décrirons par la suite.

Dans la marche méthodique que nous avons adoptée, nous traiterons successivement, avec les développements convenables, divers objets qui se rattachent essentiellement à notre sujet.

Nous nous occuperons en premier lieu des matériaux qu'on doit mettre en œuvre pour fabriquer de la levure. Nous chercherons ensuite à résumer les opinions qui ont été émises jusqu'à présent sur la nature et les propriétés de la levure.

Une fois en possession des matériaux pour la fabrication et des connaissances physiques et physiologiques sur la nature de la levure, nous essaierons de décrire et d'expliquer les phénomènes qui se développent quand on met en œuvre les matériaux générateurs de la levure, et le parti qu'on retire de ces phénomènes.

Enfin nous entrerons dans des explications détaillées sur les divers procédés employés pour fabriquer la levure et les levains.

Nous pensons qu'on comprendra aisément qu'il importe d'obtenir cette substance à l'état le plus pur possible, afin de conserver aux aliments ou aux boissons où on la fait entrer, les qualités agréables au goût, à l'odorat et à l'estomac qui les font rechercher et consommer avec plaisir.

Tel est le but du présent ouvrage qui s'occupe d'abord des matières premières qui servent à la fabrication de la levure, explique ensuite la nature de cette substance, ses caractères, sa conservation, puis indique les diverses manières de la reproduire à l'état de pureté.

Ce sujet comporterait, pour être traité avec toute l'étendue convenable, des développements considérables que nous avons été obligé naturellement de borner dans un ouvrage de la nature de celui-ci, qui a uniquement pour objet d'exposer les faits les mieux constatés sur ce sujet; nous croyons toutefois avoir résumé avec assez de fidélité les données acquises par la science et la pratique pour en faire un ouvrage qui devra être de quelque utilité à tout le monde.

CHAPITRE Ier.

Matières premières servant à la fabrication de la Levure.

Un très-grand nombre de graines, de végétaux, et diverses espèces de tubercules sont riches en matières amylacées qui, sous l'influence de certaines réactions chimiques, se convertissent d'abord en dextrine, puis en glucose et enfin en alcool.

C'est pendant cette conversion des matières amylacées en dextrine et en sucre, conversion qui est surtout déterminée par la présence de la levure, que celle-ci végète et se multiplie.

La matière amylacée qu'on destine à la culture et à l'alimentation de la levure, est généralement empruntée aux céréales et aux pommes de terre.

Dans la fabrication de la levure, on fait partout usage des céréales suivantes : orge, froment, seigle et avoine. On peut aussi employer le maïs, l'épeautre, le millet et le sarrasin.

Nous allons en conséquence nous occuper de la composition immédiate de ces matières.

§ 1. ORGE.

L'orge est une plante de la famille des graminées qu'on cultive dans la plus grande partie de l'Europe et dont on connaît plusieurs variétés.

Voici une classification des diverses espèces d'orges dont les unes ont leurs épis composés de six rangées longitudinales et les autres seulement quatre. Les premières constituent les *escourgeons*, les secondes les orges communes ou vulgaires.

A. Epis à six rangées longitudinales (*escourgeons*). (*Hordeum hexastichum* L.)

1. Grain enveloppé.

1re *Variété*. Orge hexastique ou à six rangs (*escourgeon*).

II. Grain nu.

2e *Variété*. Orge céleste, orge nue à six rangs, orge carrée nue, petite orge nue, blé de mai, d'Egypte. (*H. celeste* L.)

B. Epis à quatre rangs (orge commune). (*H. vulgare* L.)

3e *Variété*. Orge trifurquée.

4e *Variété*. Orge carrée d'hiver, escourgeon d'hiver.

5e *Variété*. Orge carrée de printemps, escourgeon de printemps ou petite orge.

6e *Variété*. Orge noire.

7e *Variété*. Orge commune à deux rangs, pamelle, marsèche, petite orge.

8e *Variété*. Orge chevalier.

9e *Variété*. Orge nue à deux rangs ou grosse orge nue. (*H. nudum* L.)

C. Epillets écartés et divergents (orge éventail). (*H. Zeocriton* L.)

10e *Variété*. Orge éventail, orge riz, orge pyramidale, riz d'Allemagne, orge queue de paon.

En France et en Allemagne, on brasse principalement les escourgeons, mais l'orge commune paraît depuis quelque temps être en faveur.

L'escourgeon se distingue extérieurement de l'orge en ce qu'il est plus aplati vers le centre et plus allongé vers les extrémités.

L'orge, qui renferme proportionnellement plus de matières albumineuses azotées que l'escourgeon, paraît plus propre que ce dernier à donner un bon brassin de levure.

L'orge est surtout précieuse dans l'industrie qui nous occupe par la facilité qu'elle possède de germer aisément et convenablement, et de bien développer le principe saccharifiant ou agent principal de la conversion de la matière amylacée en sucre, auquel on a donné le nom de diastase.

En France, l'hectolitre d'escourgeon pèse de 62 à 65 kilogrammes, et en Angleterre jusqu'à 87 kilogrammes; tandis que l'orge à deux rangs ne pèse que 52 à 53 kilogrammes.

En Allemagne, l'hectolitre d'escourgeon pèse en moyenne, dans le Nord, de 59 à 60 kilogrammes et contient 1,674,000 grains, tandis que le même poids d'orge à 2 rangs en renferme 1,820,000.

La quantité de matière amylacée et de gluten est peut-être moindre dans l'orge que dans le froment et le seigle, le gluten y a moins de consistance et est plus soluble que dans ce dernier, la diastase y est plus abondante que dans toute autre espèce de grain.

Pour qu'une orge passe pour être de bonne qualité il faut qu'elle ait été nettoyée avec soin, qu'elle exhale une odeur douce, délicate et franche, qu'elle présente une enveloppe fine, nette, brillante, légèrement ridée, d'une couleur jaune-clair, adhérant intimement à une amande bien nourrie, blanche, farineuse, où le germe est parfaitement développé. La peau doit en être fine, moelleuse, et le grain ne doit présenter aucun indice de moisissure ou d'attaques de la part des insectes.

Dans le commerce on résume ainsi la qualité que doit présenter le grain :

> Uniformité de couleur.
> Uniformité de grosseur.
> Extrémités jaune-brun.
> Cassure farineuse.
> Grande densité.
> Bon goût et bonne odeur.
> Etat sec.

A l'Institut agronomique de Hohenheim, on s'est occupé de rechercher les caractères d'une orge de bonne qualité, et on a reconnu :

1° Que le grain doit présenter, à l'une et à l'autre extrémité, une teinte jaune bien uniforme, et qui soit la même pour les deux bouts.

2° Que les grains doivent avoir une égale grosseur, être parfaitement secs, lourds, pleins, durs, avec une enveloppe fine, un aspect frais, une couleur qui indique une récolte récente et une odeur franche et douce. Une orge de bonne qualité, sèche et à enveloppe délicate, roule facilement entre les doigts.

3° Qu'elle ne doit être mélangée à aucun autre grain, ou à des matières étrangères qui pourraient la faire moisir ou lui donner une mauvaise saveur.

4° Que le grain ne soit pas vieux de plus d'une année, et qu'il soit complétement sec, afin que la germination se développe bien uniformément.

5° On pourrait ajouter que tous les grains ont besoin d'avoir végété sur un même terrain, afin que la germination marche simultanément, car on a remarqué que celle-ci ne se développait pas dans le même temps pour des orges de terrains secs et celles de terrains humides, sur les sols légers et ceux compactes, ainsi que sur les grains de différents âges.

On a publié plusieurs analyses de l'orge, mais nous nous bornerons à reproduire les plus récentes, et qui nous paraissent avoir été faites avec les procédés perfectionnés de l'analyse chimique actuelle.

On doit à M. Oudemans des analyses du grain de l'orge, qu'il a étendues au malt et à la drèche du malt épuisé. Voici les résultats obtenus par ce chimiste sur 100 parties.

(Voir le Tableau suivant, page 8).

100 PARTIES contiennent ou donnent par leur transformation.	ORGE crue.	MALT			DRÈCHE (MALT ÉPUISÉ)			
		séché à l'air.	desséché à la touraille.	fortement desséché à la touraille.	desséchée.	plus fortement desséchée.	encore plus fortement desséchée.	très-fortement desséchée.
Dextrine.	4.5	6.5	5.8	9.4	»	»	»	»
Amidon..	53.8	47.3	51.2	43.9	9.5	6.7	5.3	3.8
Sucre.	»	0.4	0.6	0.8	»	»	»	»
Matières cellulaires. . .	7.7	11.7	9.4	10.6	6.2	7.8	9.4	7.7
— albumineuses. . .	9.7	11.0	9.1	9.7	4.1	4.7	5.4	4.3
— grasses.	2.1	1.8	2.1	2.4	0.4	0.3	0.4	0.3
— inorganiques. . .	2.5	2.6	2.4	2.6	1.1	1.3	1.2	1.1
Eau.	18.1	16.1	11.1	18.2	79.3	79.1	78.6	82.5
Extrait alcoolique. . . .	0.7	3.7	4.1	4.4	»	»	»	»
— aqueux.	7.0	11.0	17.0	21.0	0.1	0.1	0.1	0.1

De son côté, **M.** Stein, de Dresde, a fait l'analyse d'une orge d'Allemagne, qu'il a étendue au grain cru, au malt desséché à l'air, au malt touraillé et aux germes.

	Orge crue.	Malt desséché à l'air.	Malt touraillé.	Germes.
Substances protéiques solubles. . .	1.258	2.134	1.985	15.875
Substances protéiques insolubles. .	10.928	9.804	9.771	14.738
Substance cellulaire (en moyenne). . .	19.854	19.676	18.847	35.686
Dextrine.	6.500	7.559	8.232	»
Matière grasse. . .	3.556	2.922	3 379	»
Cendres.	2.424	2.291	2.291	9.245
Matières extractives.	0.896	4.009	4.654	»
Amidon.	54.282	51.553	50 871	»

§ 2. FROMENT.

Le froment, dont on connaît un très-grand nombre d'espèces, est fréquemment employé dans la fabrication de la levure, mais en général, cette céréale est à un prix relativement élevé, et on ne peut y consacrer que les grains qui ne peuvent être vendus pour les besoins de la boulangerie et des approvisionnements, par exemple les blés fortement niellés, les blés qui ont végété dans les meules, les froments maigres et d'un poids trop léger. Les premiers peuvent être appliqués avec avantage à la fabrication de la levure, les seconds se travaillent aisément sans qu'on ait besoin de saccharification par le malt d'orge; la troisième est naturellement la moins avantageuse, si ce n'est qu'elle produit une drèche de bonne qualité.

Le froment a été analysé par un grand nombre de chimistes, et voici les résultats les plus récents des analyses sur ce sujet.

M. Peligot a analysé plusieurs espèces de froment dont voici les principaux :

N° 1. Froment du Midi de 1841. N° 2. Froment de Touselle, en Provence, de 1842. N° 3. Blé d'Odessa. N° 4. Blé de Pologne. N° 5. Blé de Hongrie de 1845. N° 6. Blé d'Egypte. N° 7. Blé d'Espagne.

Voici les résultats de ces analyses :

	N° 1.	N° 2.	N° 3.	N° 4.	N° 5.	N° 6.	N° 7.
Eau.	14.6	14.6	15	13.2	14.5	13.5	15.2
Graisse. . . .	1.0	1.3	1	1.5	1 1	1.1	1.8
Gluten. . . .	8.3	8.1	12	19.8	11.8	19.1	8.9
Albumine. . .	2.4	1.8	1	1.7	1.6	1.5	1.8
Gomme et sucre.	9.2	8.1	6	6.8	5.4	6.0	7.3
Amidon. . . .	62.7	66.1	61	55.1	65.4	58.8	63.6
Cellulose. . .	1.8	»	»	»	»	»	»
Cendres. . . .	»	»	1.4	1.9	»	»	1.4

M. Reiset a fait aussi plusieurs analyses sur les blés suivants :

N° 1. Petanielle noire, demi-dure. N° 2. Blé blanc anglais tendre. N° 3. Blé blanc russe, récolté à Neufchâtel. N° 4. Blé Richelle, de Grignon, tendre.

	Eau.	Cendres.	Azote.	Gluten.
1. . .	14.10	2.14	1.71	10.68
2. . .	14.47	1.88	1.88	11.75
3. . .	15·00	1.97	2.03	12.68
4. . .	14.11	1.87	1.99	12.44

Suivant le même chimiste, les grains les plus petits d'une récolte sont plus riches en gluten que les gros grains qui par contre contiennent plus d'eau.

Blé Victoria.	Eau.	Azote.	Gluten.	Cendres.
Petits grains.	16.80	2.44	15.25	2.18
Gros grains. .	17.58	2.08	13.00	1.97

Suivant M. Poggiale, le froment d'Egypte aurait la composition suivante :

Eau.	12.175
Dextrine et amidon.	65.440
Matière azotée.	10.335
Graisse.	2.300
Cellulose.	7.855
Cendres.	1.893

Enfin, l'analyse du froment et du malt de froment faite par M. Oudemans a donné :

	Froment cru.	Malt de froment. desséché à l'air.
Dextrine.	4.5	6 2
Amidon.	57.0	50.3
Sucre.	»	1 6
Matières cellulaires. . . .	6.1	8.0
— albumineuses. . .	11.5	11.9
— grasses.	1.8	2.0
— inorganiques. . . .	1.7	1.8
Eau.	16.0	14.4
Extrait alcoolique. . . .	0.8	4.4
— aqueux.	6 8	17.0

On voit qu'il y a des froments qui peuvent fournir jusqu'à 66 d'amidon, et on cite même des blés blancs qui en ont fourni jusqu'à 76 pour 100, mais la plupart restent fort au-dessous de cette richesse en matière amylacée.

Le maltage du froment exige, à cause de sa pellicule très-mince, plus d'attention que celui de l'orge. Le mouillage s'accomplit dans un temps plus court et doit cesser après 24 à 30 heures.

On étend alors le blé sur le sol du germoir en couche plus épaisse que l'orge, et on le laisse en repos jusqu'à ce qu'on voie apparaître la radicelle. Pour juger de l'avancement de la germination on prend un échantillon dans le milieu de la couche; on retourne ensuite la couche avec la plus grande précaution, afin de ne pas entamer la pellicule qui est très-délicate. On refait la couche à une épaisseur d'environ 10 centimètres, et on laisse en repos jusqu'à ce que les radicelles s'enlacent. Alors on éparpille la couche et on opère la dessiccation au grenier d'aérage et à la touraille, en tas très-minces. Un tel malt entrelacé a souvent les radicelles deux fois plus longues que le grain.

§ 3.   SEIGLE.

Le seigle entre, surtout en Allemagne, pour une part importante dans la fabrication de la levure. Son enveloppe est plus grossière que celle du froment et il contient une moindre quantité d'un gluten moins compacte et plus aisément soluble.

L'analyse du seigle et du malt de seigle a donné à M. Oudemans :

	Seigle cru.	Malt de seigle desséché à l'air.
Dextrine.	5.2	12.7
Amidon.	56.5	42.1
Sucre.	»	1.1
Matières cellulaires. . . .	7.8	11.9
— albumineuses. . .	10 4	11.7
— grasses.	1.4	1.5
— inorganiques. . . .	1.8	1.8
Eau.	16.4	15.6
Extrait alcoolique. . . .	1.2	5.2
— aqueux.	8.2	24.3

Une autre analyse qui diffère de la précédente a fourni les nombres que voici :

Gluten et albumine.	9.0
Amidon et dextrine.	67 5
Matières grasses.	2.0
Cellulose et ligneux.	3.0
Substances minérales.	1.9
Eau.	16.6
	100.0

D'après M. Boussingault, le seigle aurait pour composition :

	Grains.	Farine fine.	Farine bise.
Eau.	17.94	13.62	11.40
Cellulose.	3.41	0.94	1.56
Cendres.	2.02	0 96	1.76
Matières azotées.	9.53	8.06	11.88
Matière amylacée et sucrée. Dextrine et graisse.	67.10	76.59	73.40

On a constaté que 1000 parties de blé renferment en moyenne 21 pour 100 de sels minéraux avec 5,65 d'acide phosphorique, et que 1000 parties de seigle ne renferment que 13 1/3 de sels avec 3 1/3 d'acide phosphorique; or, on verra que l'acide phosphorique est un stimulant actif de la végétation du cryptogame auquel on a donné le nom de levure, et par conséquent que le seigle est moins propre à la production abondante de la levure que le froment.

§ 4. AVOINE.

Il y a des avoines légères qui rendent peu à la saccharification; on doit en conséquence faire choix des variétés qui présentent le poids le plus élevé à l'hectolitre. Les enveloppes de l'avoine sont très-épaisses et le gluten y est également très-soluble. Ce grain modère, assure-t-on, la fermentation tumultueuse du malt de seigle et la rend plus soutenue et plus convenable. Ce grain renferme un principe aromatique qu'on n'est pas encore parvenu à isoler et à étudier.

Voici, d'après M. Oudemans, la composition de l'avoine et du malt d'avoine :

	Avoine crue.	Malt d'avoine desséché à l'air.
Dextrine..	5.0	7.1
Amidon.	47.9	37.4
Sucre.	»	0.6
Matières cellulaires.	14.5	12.6
— albumineuses.	12.1	13.3
— grasses.	5 4	4.1
— inorganiques.	2.8	3.1
Eau.	14.9	14.1
Extrait alcoolique.	0 6	4.1
— aqueux.	7.9	11.0

On peut employer l'avoine après l'avoir réduite en farine, et MM. Dujardin-Baumetz et Hardy qui ont fait l'analyse de la farine de l'avoine, y ont trouvé sur 100 parties :

Eau.	8.7
Matière grasse.	7.5
Amidon.	64.0
Substances azotées.	11.7
Matières minérales.	1 5
Cellulose et pertes.	7.6

Cette farine contient 2 pour 100 d'azote, tandis que Payen n'a trouvé dans le froment que 1,64, dans le

seigle 1,75 et dans le riz 1,09. De plus, suivant
M. Boussingault, elle renferme 0,0131 p. 100 de fer,
tandis que la chair musculaire et le pain de froment
ne donnent que 0,0048 p. 100 de fer. Elle contient
en outre plus de carbone que le froment.

Cette composition montre que l'alimentation par la
farine d'avoine en Angleterre et dans ses colonies,
alimentation qui s'est beaucoup propagée, est justifiée,
et que mélangée au lait elle convient tout particulièrement aux enfants.

On conçoit également que la farine d'avoine combinée avec le malt d'orge doit fournir de bons brassins, soit pour alcool, soit pour levure.

§ 5. SARRASIN.

Le sarrasin est employé, surtout en Hollande, à la
fabrication de la levure pressée et fournit abondamment un très-beau produit, mais on applique peu ce
grain à cet objet en France et en Allemagne.

Nous reproduisons ici une analyse du sarrasin dont
nous ignorons l'origine et que voici :

Amidon.	52.00
Dextrine et sucre.	3.30
Matières cellulaires.	28.54
Substances albumineuses.	0 20
— azotées.	10.50
Extrait.	2.50
Résine.	0.30
Perte.	2 66
	100.00

D'après M. Boussingault, 100 parties de grain de
sarrasin ont donné à l'analyse :

Matières azotées.	13.10
Amidon, sucre.	64.00
Corps gras.	3.90
Ligneux et cellulose.	3.50
Cendres.	2 50
Eau.	13.00
	100.00

§ 6.   MAÏS.

Le maïs peut être employé avantageusement à la fabrication de la levure dans les pays où ce grain est cultivé.

Sa saccharification complète n'a lieu qu'à une température plus élevée qu'avec les autres céréales ou par quelques manipulations préparatoires, et il renferme une matière grasse, abondante, dont il faut le priver avant de fournir un produit bien pur.

Voici sa composition suivant les analyses de MM. Payen et Boussingault :

	Payen.	Boussingault.
Amidon.	67.45	60.5
Dextrine.	4.00	
Matières azotées. . . .	12.50	12.8
Matière grasse.	8.80	7.0
Cellulose.	5.90	1.5
Matières inorganiques. .	1.15	1.1
Eau.	»	17.1
	100.00	100.00

Brassage du maïs. — Le maïs à l'état germé est, suivant M. Böhm, bien plus susceptible de se dissoudre que quand il est simplement concassé. On fait en conséquence tremper celui qu'on veut travailler pendant trois jours dans l'eau et on en forme dans le germoir un tas rectangulaire et pyramidal pendant trois jours au bout desquels il commence à montrer de petites radicelles. En cet état, on l'écrase et le lamine très-finement et on fait les trempes avec de l'eau dans le rapport de 1 de substance sèche pour 7 d'eau. Lorsque toute cette bouillie a été introduite dans la cuve-matière, et tout en brassant continuellement, on amène de la vapeur à 100° jusqu'à ce que la masse soit portée à l'ébullition. On a d'ailleurs l'avantage avec le maïs germé que dans le brassage, dès que la température a atteint 60 à 65° C., la masse est plus fluide, tandis que le maïs moulu grossièrement est difficile à brasser. Cela provient de ce que le grain est en quelque sorte converti en malt, et qu'on y a développé le principe de la saccharification.

La masse reste environ 10 minutes à cette température de 100° C. en repos dans la cuve-matière qu'on a couverte, on la découvre et alors commence le refroidissement pour la ramener à la température de 65 à 67° C. Dès qu'on a atteint cette température, on ajoute à environ 750 kilog. de maïs, 135 kilog. de bon malt d'orge finement broyé et on l'y démêle en brassant vivement jusqu'à ce que la masse soit devenue parfaitement fluide. La durée de la saccharification est de deux heures. La mise en levure se fait comme avec le grain égrugé, et la nature de la fermentation se rapproche davantage de celle du moût de pommes de terre. Quand le moût est bien réussi, que la fermentation a marché régulièrement, il monte à la surface du moût une quantité assez notable d'une huile qu'on puise avec une poche, qu'on peut brûler dans les lampes sans qu'elle ait besoin d'une épuration.

Le rendement d'un kilog. de maïs est dans ce mode

de brassage, de 15 pour 100, tandis qu'avec le maïs non gérmé, il ne s'élève qu'à 14 ou 14,5 pour 100. Toutefois, il est nécessaire de faire remarquer que l'hectolitre de maïs coûte assez cher quand on veut le faire passer deux fois entre les meules, et qu'en tout cas il n'est pas encore assez fin et en outre que les meuniers comptent 3 pour 100 pour évaporation.

Dans les années où les pommes de terre sont peu abondantes, les maïs du midi de la France, de Hongrie et d'Amérique étant rarement à un prix de 28 fr. l'hectolitre, ce procédé peut très-bien être appliqué.

§ 7. MILLET.

Dans le midi de l'Europe, on distille souvent le millet, et par conséquent on pourrait s'en servir dans la fabrication de la levure, mais à la saccharification il donne comme le maïs, une assez forte proportion d'une huile odorante et incommode.

§ 8. RIZ.

Le riz est une matière très-riche en amidon qu'on peut utiliser, surtout les débris de son perlage, dans la fabrication de la levure. Deux chimistes, MM. Payen et Boussingault ont donné chacun une analyse de ce grain que nous reproduisons ici :

	Payen.	Boussingault.
Amidon.	89.15	76.0
Dextrine.	1 00	
Matières azotées.	7.05	7.8
Matières grasses.	0.08	0.5
Cellulose.	1.10	0.9
Matières inorganiques. .	0.90	0.5
Eau.	»	14.3
	100.0	100.0

§ 9.   POMME DE TERRE.

Cette plante de la famille des solanées dont tout le monde connaît les caractères, possède des racines traçantes nombreuses par lesquelles se forme le tubercule féculent. Ce tubercule à l'état frais, contient, suivant M. Boussingault :

Eau.	75.1
Albumine.	2.3
Matière grasse.	0.2
Ligneux et cellulose.	0.4
Sels divers.	2.0
Amidon ou substances analogues. . .	20.0
	100.0

Mais cette composition est loin d'être absolue, et elle varie beaucoup suivant les variétés, la nature du terrain. C'est ainsi que MM. Girardin et Du Breuil ont constaté, en comparant entre elles un grand nombre de variétés :

1° Que dans un même genre de terrain, la quantité de matière sèche dans les espèces soumises aux essais a varié de 8 à 30 pour 100 du poids des tubercules frais, et la quantité de fécule de 4,88 à 19 pour 100 ;

2° Que telle variété, produite par divers terrains, a présenté des différences de composition à peine sensibles ; que telle autre au contraire a rendu, récoltée par telle terre, jusqu'à 8 pour 100 de fécule de plus que recueillie sur un autre.

Les variétés de pommes de terre sont très-nombreuses, elles se distinguent entre elles par la forme du tubercule, la couleur de la peau, la grosseur, la disposition et le nombre des yeux, la composition, par la maturité plus ou moins précoce, le feuillage, la rusticité, etc.

Le poids de la récolte à l'hectare sur 60 variétés, a varié depuis 1,660 jusqu'à 61,600 kilogrammes, en moyenne 13,765 kilogrammes, la densité entre les gros et les petits tubercules, de 1,073 à 1,145, en moyenne 1,103; l'eau pour 100 en poids de tubercules, de 63,753 à 79,976, en moyenne 73,423; la substance sèche pour 100, de 20,024 à 36,427, en moyenne 26,600, et la fécule pour 100 du poids des tubercules, de 12,195 à 23,733, en moyenne 16.219.

On voit que la quantité de matière propre à servir d'aliment à la levure, peut varier dans le rapport, presque du simple au double, et qu'il est très-utile de posséder les moyens de s'assurer de la richesse des tubercules qu'on veut mettre en œuvre.

En Allemagne, où l'on cultive la pomme de terre sur des surfaces immenses, et dont la récolte sert en grande partie à la fabrication de l'alcool, on a cherché à réunir quelques indices qui permettent de porter un jugement sommaire sur la richesse en fécule des tubercules.

Voici comment on a formulé ces indications:

1° Les pommes de terre riches en fécule sont difficiles à couper avec un couteau; elles présentent une résistance assez grande, et pendant cette section, la fécule s'attache à la lame de l'instrument tranchant.

2° Les tubercules riches ont une peau rude à yeux profondément enfoncés.

3° En coupant un tubercule riche en fécule, en une rondelle mince qu'on tient entre l'œil et la lumière, on y remarque des petits points clairs au milieu d'espaces nuageux foncés. Les espaces foncés sont ceux riches en fécule, ceux clairs sont dus en général à une végétation suspendue ou interrompue.

4° La pomme de terre riche a une structure ferme, sa chair est blanche et elle est moins sujette à être atteinte par la pourriture.

5° Si on coupe en deux un tubercule riche, et qu'on frotte les deux surfaces de section l'une contre l'autre, il se formera une mousse féculente et persistante, qui adhére aux deux morceaux.

6° Le poids du tubercule est déjà un indice de sa richesse en fécule.

On a cru remarquer dans le même pays, que les meilleures pommes de terre pour la distillation, étaient les longues rouges, à chair blanche avec yeux profondément enfoncés, et que ce sont aussi celles que l'on peut conserver le plus longtemps, mais les caractères généraux peuvent varier avec le climat, la saison, le mode de culture, l'engrais, etc.

Dans la pratique industrielle, un des meilleurs modes pour s'assurer de la richesse en fécule des pommes de terre, c'est d'avoir recours au féculomètre de Krocker. Cet appareil se compose d'un aréomètre, d'un récipient en verre plein d'eau, d'environ 1 kilogramme de sel de cuisine et une cuillère de bois ou de fer blanc.

Pour faire usage de l'appareil on remplit le récipient aux deux tiers avec de l'eau à laquelle on ajoute par litre d'eau, environ 300 grammes de sel qu'on agite dans ce liquide, jusqu'à ce qu'il soit complétement dissous. On prend alors 12 à 15 tubercules parfaitement débarrassés de terre et autres matières étrangères et on les plonge dans l'eau salée. Si tous les tubercules vont au fond, on ajoute un peu de sel; s'ils flottent tous, on verse un peu d'eau. On continue à opérer de cette manière jusqu'à ce qu'une moitié des pommes de terre flotte, et que l'autre moitié reste au fond. La température de l'eau salée doit être de $+ 15°$ C. Dans cet état, on plonge l'aréomètre dans l'eau salée, et on lit sur son échelle, le point jusqu'auquel il s'enfonce. Le chiffre étant lu sur l'instrument, on cherche dans la table qui suit, le nombre qui correspond à cette densité, et qui marque la proportion de la fécule et substance sèche. La simplicité et la rapidité de cette méthode sont à la portée de tout distillateur ou agriculteur, et le met en mesure avec cet instrument, de faire choix des tubercules qu'il veut distiller, acheter ou planter.

La liqueur, à raison de la proportion de sel qu'elle renferme, se conserve très-longtemps et peut très-bien resservir à entreprendre de nouveaux essais.

(Voir le Tableau ci-contre).

Table pour doser la richesse en fécule et en substance sèche des pommes de terre.

POIDS spécifique.	RICHESSE EN		POIDS spécifique.	RICHESSE EN		POIDS spécifique.	RICHESSE EN	
	fécule.	substance sèche.		fécule.	substance sèche.		fécule.	substance sèche.
1.060	9.54	16.96	1.084	14.96	22 54	1.108	20.61	28.36
1.061	9.76	17.18	1.085	15.19	22 78	1.109	20.85	28.61
1.062	9.98	17.41	1.086	15.42	23.02	1.110	21.09	28.86
1 063	10.20	17.64	1.087	15.65	23.25	1.111	21.33	29.10
1.064	10.42	17.87	1.088	15.88	23.50	1.112	21.57	29.35
1.065	10.65	18.10	1.089	16.11	23.74	1.113	21.81	29.60
1.066	10.87	18.33	1.090	16.35	23.98	1.114	22.05	29.85
1.067	11.09	18 56	1.091	16.58	24.22	1.115	22.30	30.10
1.068	11.32	18.79	1 092	16.81	24.46	1.116	22 54	30 35
1.069	11 54	19 02	1.093	17 05	24.70	1.117	22 78	30.60
1.070	11.77	19.26	1.094	17.28	24.94	1.118	23.03	30 85
1.071	11.99	19.49	1.095	17.52	25.18	1 119	23.27	31.10
1.072	12.22	19.72	1.096	17.57	25.42	1.120	23.52	31.36
1.073	12.45	19 95	1.097	17.99	25.66	1.121	23 76	31.66
1.074	12.67	20.18	1 098	18.23	25.91	1.122	24.01	31.86
1.075	12.90	20.42	1.099	18.46	26 15	1.123	24.25	32.11
1.076	13.12	20.65	1.100	18 70	26.40	1.124	24.50	32.36
1.077	13.35	20.89	1.101	18.93	26 64	1.125	24.75	32.62
1.078	13.58	21.13	1.102	19.17	26.88	1.126	24.99	32.87
1.079	13.81	21.36	1.103	19.41	27.13	1 127	25.24	33.13
1.080	14.04	21 60	1.104	19.65	27.57	1.128	25.49	33.38
1 081	14.27	21.83	1.105	19.89	27.62	1.129	25.74	33.64
1.082	14.50	22.07	1.106	20.13	27.86	1 130	25.99	33.90
1.083	14.73	22.31	1.107	20 37	28.11	1 131	26.24	34.16

Enfin, d'un autre côté, M. F. Krocker a démontré dans des expériences très-étendues qu'on ne doit pas se contenter de soumettre une, deux ou trois pommes de terre seulement à l'analyse, quand on veut se former une idée très-exacte de leur richesse en fécule, attendu qu'il y a toujours un certain nombre de tubercules qui, sous ce rapport, diffèrent considérablement de la richesse moyenne, et cela d'autant plus que les tubercules se trouvent au moment de l'arrachage dans des conditions variables de croissance et de développement.

C'est ainsi que sur un lot de pommes de terre blanches de Silésie cultivées sur un sol sableux, le poids spécifique moyen de 50 tubercules a été 1098 avec 18,44 de fécule, tandis que dans ce lot il a trouvé des tubercules avec un poids spécifique maximum de 1118 = 22,54 de fécule, et d'autres du poids minimum de 1082 = 14,45 de fécule ;

Que dans un lot de 40 pommes de terre rouges de la Marche dont le poids spécifique moyen a été de 1096 = 17,75 de fécule, il y a eu des tubercules au maximum du poids de 1119 = 23,29 de fécule, et d'autres au minimum du poids de 1078 = 13,58 de fécule.

CHAPITRE II.

Principes immédiats des matières amylacées.

Nous savons d'après ce qui précède quels sont les principes immédiats qui composent les grains, nous savons que c'est l'amidon, la dextrine, le sucre, des matières cellulaires, albumineuses, grasses, inorganiques et de l'eau. Nous allons entrer dans quelques détails sur quelques-uns de ces principes.

L'orge renferme deux principes immédiats qui méritent une attention particulière et sur lesquels nous devons entrer dans quelques explications, à savoir l'amidon et la diastase.

§ 1. AMIDON.

L'amidon ou matière amylacée des céréales, est une poudre blanche formée de granules insolubles dans l'eau, l'alcool et l'éther, dépourvus d'odeur ou de saveur. A 20° C., la densité de cette poudre est de 1,505, et lorsqu'il n'y a pas intervention de l'eau ou de l'humidité elle est entièrement inaltérable à l'air, mais elle absorbe facilement l'humidité de l'atmosphère en quantité variable, et alors elle peut s'altérer.

Les grains d'amidon se composent d'une enveloppe et d'une masse intérieure. La première est insoluble dans l'eau, mais lorsqu'on triture ces grains avec de l'eau, la seconde forme une dissolution limpide qui bleuit au contact de l'iode et d'où elle est précipitée par l'alcool. Quand on concentre cette dissolution par la chaleur, elle prend l'aspect d'une gomme ou d'une matière gélatineuse qui, lorsque la température s'est élevée suffisamment, devient une matière pâteuse à laquelle on donne le nom d'*empois*.

La substance contenue dans l'orge germée à laquelle on a donné le nom de *diastase*, chauffée de 65 à 80° C. avec l'amidon, le convertit d'abord en une matière soluble appelée dextrine à raison de sa propriété de tourner à droite le plan de polarisation des rayons lumineux, et si l'action de la diastase se prolonge, la dextrine est convertie en une matière sucrée appelée glucose. La diastase peut saccharifier jusqu'à 2,000 fois son poids d'amidon. La quantité de glucose qu'on obtient d'un poids donné d'amidon peut aller jusqu'à 87 pour 100 de celui-ci, mais cette quantité varie avec la température, la durée de l'action, la proportion de l'eau et surtout suivant la proportion plus ou moins grande de la dextrine présente. L'action de la diastase paraît s'arrêter à 80° C.

La levure de bière et le gluten peuvent convertir aussi l'amidon en glucose.

La température la plus favorable pour convertir l'amidon en empois sous l'influence de la diastase varie avec la nature du produit qui contient cet amidon. Dans l'orge germée, l'action commence à 48° et paraît complète à 50° C.; avec les grains crus de seigle, de froment, d'orge, de sarrasin, de riz, elle commence à 50° et ne se termine pour quelques-uns de ces grains qu'à 70°.

§ 2. DEXTRINE.

La dextrine est une substance blanche, pulvérulente, incolore, amorphe, insoluble dans l'alcool absolu, très-soluble dans l'eau tant à chaud qu'à froid, et déviant à droite, comme on l'a dit, le plan de polarisation des rayons lumineux.

Dissoute dans l'eau, la dextrine forme une solution transparente, mais si on concentre celle-ci, elle prend l'aspect d'un sirop, et, en poursuivant le chauffage, la dextrine se transforme en une matière gommeuse qu'on fabrique pour les besoins des arts sous les noms de *léiocome*, de *gommeline*, d'*amidon grillé*, de *gomme indigène*, etc.

La dextrine, mise en contact avec l'iode, affecte une coloration rouge vineuse.

La diastase, la maltine, l'acide sulfurique, azcti-
que, chlorhydrique, etc., la convertissent en glucose
à des températures diverses. Cette transformation
avec la diastase et la matière, a lieu de 70° à 75°;
avec l'acide sulfurique, à 90°, avec l'acide azotique,
à 120° C.

§ 3.   DIASTASE.

La diastase est une substance azotée qui se développe pendant la germination de l'orge, et jouit,
ainsi qu'on l'a déjà vu, de la propriété de convertir
l'amidon d'abord en dextrine, puis en glucose.

La diastase est soluble dans l'eau et insoluble dans
l'alcool. On la prépare avec l'orge germée dans laquelle elle ne paraît pas exister dans la proportion de
plus de 1 à 2 millièmes.

La préparation de la diastase est une opération
assez compliquée que nous ne croyons pas utile de
décrire ici. Préparée avec les soins convenables, c'est
une poudre blanche, amorphe, légère, soluble dans
l'eau et l'alcool étendu, insoluble dans l'alcool concentré, neutre aux réactifs et sans aucune saveur.

L'action de la diastase sur l'amidon commence à se
développer vers 30° C., et à 70° C., elle paraît avoir
acquis sa plus grande activité. Les alcalis caustiques, l'ammoniaque, la chaux, la magnésie, etc.,
et les acides un peu étendus, l'entravent plus ou
moins.

Les autres céréales peuvent, pendant leur germination, développer aussi de la diastase, mais en
moins grande proportion que l'orge.

En 1848 M. Dubrunfaut a aussi découvert dans
le malt d'orge, une substance azotée qui lui a sem-

blé plus active que la diastase pour convertir l'amidon en glucose et a donné à cette substance le nom de *maltine*. Cette maltine dont la proportion s'élève à un peu plus de 1 pour 100 dans le grain germé, y est cependant présente en proportion 100 fois plus considérable pour saccharifier tout l'empois contenu dans le malt. Le chimiste auquel on doit cette découverte appelle *maltose* le sucre ainsi produit, qui ne se distingue pas du glucose par des caractères chimiques bien définis, mais seulement par quelques propriétés physiques.

§ 4. GLUCOSE.

Le glucose de malt qui se prépare avec l'orge germée, est un corps sucré, soluble dans l'alcool, et moitié moins soluble dans l'eau à froid que le sucro de canne, qui cristallise en masses mamelonnées ou en grains opaques et blancs, quand il est pur et anhydre, mais qui en général renferme toujours de l'eau. On prépare le glucose de la même manière que la dextrine, ou plutôt l'action prolongée de la diastase sur l'amidon, transforme d'abord celui-ci en dextrine, puis en glucose.

C'est le glucose qui, sous l'influence de la levure, se transforme en acide et en alcool, et qui, dans la fermentation, est un des éléments de la multiplication de la levure.

L'orge et les autres céréales renferment aussi divers autres principes immédiats dont il est nécessaire de dire un mot.

§ 5. GLUTEN.

Le gluten est une matière albumineuse ou protéique gris-jaunâtre clair, d'une odeur fade, élastique, qui en se desséchant perd les trois quarts de son volume. L'eau légèrement aiguisée par l'acide chlorhydrique le dissout en petite quantité, l'acide acétique le dissout en donnant une solution trouble où l'ammoniaque précipite le gluten. Enfin il est aussi dissous par la potasse et l'eau le précipite de cette solution.

On le précipite en pétrissant de la pâte de farine de froment sous un filet d'eau.

Quand on le chauffe, il se dessèche en écailles jaunes et cassantes. C'est une matière qui est composée de carbone, d'hydrogène et d'azote. On pense que dans la macération des grains, il peut jouer le rôle d'un ferment.

§ 6. ALBUMINE VÉGÉTALE.

L'albumine végétale est un autre principe ou corps protéique, contenue dans les grains, qui se sépare et se coagule au sein des solutions claires en une masse insoluble dans l'eau.

Les céréales renferment encore des matières cellulaires, entre autres la *cellulose* qui, à l'état pur, est blanche, sans odeur ni saveur, d'une densité de 1,525, insoluble dans les dissolvants neutres, peu sensible à l'action des solutions alcalines ou des acides étendus, mais que la diastase et les acides sulfurique ou chlorhydrique peuvent transformer en glucose.

Les grains contiennent encore une *matière* grasse, concrète, grenue, et une matière grasse fluide, d'une odeur particulière qui se développe surtout pendant la germination.

§ 7. SUCRES.

1° *Sucres.* Empruntons maintenant aux chimistes modernes, des détails sur les matières sucrées, afin de pouvoir nous rendre un compte exact de la nature et des propriétés de la substance de ce genre, qu'on produit avec des matières amylacées.

La *saccharose* ou *sucre*, proprement dit sucre de canne ou sucre cristallisable, est composé sur 100 parties, de :

Carbone.	42.10
Hydrogène.	6.43
Oxygène.	51.47
	100.00

Sa formule chimique est $C^{12} H^{11} O^{11}$; il ne contient pas d'eau de cristallisation. Le sucre à l'état de pureté forme des cristaux parfaitement incolores et translucides, qui appartiennent au système rhomboïdal. Sa saveur est douce et agréable. Il se dissout très-aisément dans l'eau, et sa solubilité augmente quand on élève la température. Il n'est pas soluble dans l'alcool absolu qui peut bien en dissoudre 1,25 partie à l'état bouillant, mais qui se dépose presque entièrement par le refroidissement. Plus l'alcool contient d'eau, et plus le mélange est à une haute température, plus aussi il dissout de sucre.

Chauffé à une température croissante, à partir de 160° C., et maintenu pendant quelque temps entre 170° et 180° C., le sucre devient incristallisable et se transforme en *glucose*. Si on élève cette température jusqu'à 215°, il se transforme en *caramel*, substance très-soluble dans l'eau sucrée, mais qui n'est pas susceptible de fermenter.

Le sucre de canne en solution tourne à droite le plan de la lumière polarisée, c'est sur cette propriété qu'on a basé la construction d'un instrument appelé polarimètre, qui sert à doser le sucre de canne.

On peut, à l'aide de ferments appropriés, transformer le sucre de canne en alcool et en acide carbonique, mais il faut qu'il passe d'abord à l'état de glucose.

On trouve le sucre cristallisable dans le suc de beaucoup de végétaux.

Il joue le rôle d'acide avec un certain nombre d'oxydes métalliques, tels que la chaux, la baryte, etc., et forme avec eux de véritables sels.

Le sucre éprouve de la part des acides étendus à la température de l'ébullition et même au-dessous, une transformation qui le dédouble et donne un mélange de deux autres sucs, la *dextrose*, et la *lévulose*.

Ces deux sucres ont la même composition que le sucre cristallisable, plus un équivalent d'eau, qui entre dans la composition pendant la réaction. Une transformation semblable a lieu pendant la fermentation alcoolique, par suite de l'action des ferments.

2° Le *sucre de raisin, sucre de fécule* qu'on appelle aussi glucose, se trouve dans beaucoup de fruits et dans le miel. On le prépare artificiellement par les procédés de saccharification de la fécule, au moyen de l'acide sulfurique ou de la diastase. Sa formule chimique est $C^{12} H^{12} O^{12}$ et par conséquent il contient un équivalent d'eau de plus que le sucre de canne à l'état cristallisé, il contient en outre deux équivalents d'eau de cristallisation.

Le glucose est un amas confus de petits cristaux. C'est une substance blanche, moins soluble dans l'eau que le sucre de canne, et moins sucré que celui-ci, mais plus soluble dans l'alcool. A une température de 100° il fond dans son eau de cristallisation et se transforme en caramel à 140°. Sa dissolution tourne à droite le plan de la lumière polarisée. Sous l'influence des ferments, il se transforme aussi en alcool et acide carbonique.

Le glucose se prépare sous divers états, comme sirop de fécule, massé ou granulé, et comme sirop impondérable. C'est un produit intermédiaire du travail des matières amylacées qu'on traite pour obtenir l'alcool.

3° La *levulose*, sucre incristallisable, sucre de fruit, jouit presque des mêmes propriétés chimiques que le glucose dont il a la composition; mais il s'en distingue parce qu'il est incristallisable et qu'il tourne à gauche le plan de la lumière polarisée. Il est associé au glucose dans le suc des fruits et dans la partie liquide du miel. L'eau et l'alcool le dissolvent facilement; il entre aisément en fermentation.

Le mélange de glucose et de levulose, qui se produit sous l'influence des acides sur le sucre de canne, est appelé *sucre interverti*; on trouve aussi ce sucre interverti dans les sucs des fruits, et il se forme constamment, quand le sucre de canne est soumis à l'action des ferments. Les propriétés du glucose ou dextrose, et celles de la levulose diffèrent bien peu entre elles; on confond les deux sucres sous le nom commun de glucose, dans les opérations pour la production de l'alcool.

4° Nous avons déjà cité la maltose, qui est aussi une espèce de sucre de malt, et nous pouvons encore ajouter la *lactose*, sucre dérivé du sucre de lait, par l'action des acides qui, avec le glucose, la levulose, ont tous pour formule $C^{12} H^{12} O^{12}$.

La saccharose, le *mélitose*, le *mélézitose* et la *lactine* ou sucre de lait qui ont pour formule $C^{12} H^{11} O^{11}$, doivent, avant de pouvoir fermenter, fixer préalablement les éléments de l'eau.

M. Dubrunfaut a fait observer que dans la fermentation du sucre de canne interverti par un acide, le glucose se décomposait avant la levulose. M. Berthelot a signalé cette particularité remarquable que présente le mélitose, que la moitié seule de ce sucre se décompose, tandis que l'autre moitié se transforme en une isomère du glucose, l'eucalyne non fermentescible.

5° Le dosage du sucre s'opère en distillerie, au moyen de l'aréomètre, et les diverses espèces de sucre se comportent d'une manière différente avec cet instrument.

L'*aréomètre* qu'on applique le plus fréquemment aux solutions sucrées, celui de Baumé, est un instrument qui, étant destiné à mesurer des solutions plus denses que l'eau pure, marque une densité ou richesse d'autant plus grande qu'il s'enfonce davantage. Il faut aussi avoir égard à cette température lorsqu'elle s'élève ou s'abaisse au-delà de celle normale ou qui a servi à graduer l'instrument, et faire alors subir des corrections à ses indications.

On fait aussi usage du *densimètre* qui donne le poids spécifique absolu multiplié par 100 ou diminué de l'unité, mais on a besoin de tableaux comparatifs pour pouvoir tirer des conclusions exactes sur la quantité de sucre réellement dissous dans un liquide.

L'aréomètre le plus commode et le plus rationnel pour les dosages des sucres, a dit un chimiste industriel, est celui de Balling avec lequel on peut confondre celui de Brix, construit exprès pour cet usage. Nous l'appellerons donc spécialement *saccharimètre*, qu'il ne faut pas confondre avec celui à polarisation. Ce saccharimètre est construit pour donner dans une solution de *sucre pur* la proportion en *poids* de sucre dissous dans 100 *parties en poids* de la solution considérée. Telle solution par exemple dans laquelle le saccharimètre Balling s'enfoncerait jusqu'au point 20, contiendrait donc 20 grammes de sucre dans 100 grammes de liqueur, soit 20/100 en poids. Les nombres de l'échelle saccharimétrique ne sont donc pas des degrés, mais des *centièmes* en poids.

Le sucre pouvant être dissous de 0 jusqu'à 66 parties, en 100 parties de solution froide, l'échelle saccharimétrique s'étend de 0 à 66 p. 100, et pour les solutions chaudes plus loin encore, mais pour les dosages les plus fréquents qui, pour les parties spéciales des industries, ne comprennent qu'un certain nombre de concentrations entre certaines limites, on construit des saccharimètres à échelles limitées, ce qui permet de leur donner toute l'exactitude désirée sans exiger des tiges d'une longueur démesurée. Ainsi, par exemple, on emploie de préférence en distillerie deux saccharimètres dont l'un s'étend de 0 à 10 pour 100 et l'autre de 10 à 20 ou 25 pour 100, qui permettent d'observer facilement les dixièmes ou les quarts de degré, ces échelles contenant des subdivisions pour chaque 0,1 pour 100 ou pour chaque 0,25 pour 100.

M. Berthelot a démontré que l'hydratation du sucre qui précède la fermentation alcoolique est due à la présence dans la levure d'un ferment soluble non organisé, analogue à la diastase.

§ 8.   MATIÈRES INORGANIQUES.

Enfin, les grains contiennent aussi des matières inorganiques qui entrent dans la proportion environ de 2 pour 100 plus ou moins dans leur organisation. Afin de faire connaître quelles sont ces matières, nous reproduisons ici les analyses que MM. Voeltman et Moesman ont données des cendres d'orge et de malt d'orge, analyses que nous empruntons au traité de la bière de Mulder.

(Voir le Tableau suivant, page 36).

	ORGE CRUE.		MALT D'ORGE séché à l'air,		MALT D'ORGE desséché à la touraille (1).		MALT D'ORGE desséché fortement à la touraille.	
	Voeltman.	Moesman.	Voeltman.	Moesman.	Voeltman.	Moesman.	Voeltman.	Moesman.
Potasse.	17.0	17.5	16.0	15 6	16.1	17.0	20.3	20.8
Soude.	5.9	6.3	5.2	4.4	2.3	2.0	4.6	4.2
Chaux.	2.7	3.1	4.0	4.9	4 2	4.2	6.0	5.6
Magnésie.	7.2	6.8	6.5	7.1	6.1	5.6	5.8	6.0
Sesquioxyde de fer.	0.5	0.5	0.9	0.9	1.5	1.9	0 8	1.0
Acide phosphorique.	30.3	perdu.	30.6	31.0	29.1	28.4	35.8	35.0
Acide sulfurique.	1.4	1.5	1.1	1.0	2.0	1.8	0.7	0.8
Acide silicique insoluble.	7.1	7.0	35.1	35.3	12.0	11.4	14.5	25.9
— soluble.	26.0	26.7			26.4	27.1	12.1	
Chlore.	1.3	1.3	1.4	0.4	0.1	0.1	0.1	0.1

La quantité de matières inorganiques contenues dans l'orge varie de 2.4 à 2.6 pour 100.

(1) D'une autre source que l'orge et le malt desséché à l'air.

On voit combien les cendres d'orge sont riches en acide phosphorique, et nous verrons que cette richesse est une des causes du développement abondant de la levure, qui elle-même abonde en acide phosphorique.

CHAPITRE III.
Action de l'Atmosphère et de l'Eau.

§ 1. DE L'ATMOSPHÈRE.

Les matériaux que nous mettons en œuvre sont enveloppés constamment et de toute part par l'atmosphère, et par conséquent soumis à son action, c'est-à-dire à celle de l'oxygène qui en est le principal élément. L'oxygène joue nécessairement, comme on sait, un rôle actif dans la végétation du grain d'orge, et sans oxygène il n'y aurait pas de germination. Il est donc du devoir du distillateur et du fabricant de levure d'apprendre à connaître la marche de cette action et de savoir la régler par des moyens particuliers pour arriver à en obtenir les résultats les plus avantageux possible au moyen de dispositions dans les constructions et de réglement dans l'admission de l'air dans les germoirs.

D'un autre côté, l'influence de la température et de l'état de l'atmosphère dans toutes les opérations de la fabrication des eaux-de-vie et de la levure est un point capital qu'on doit étudier avec intelligence et qu'il est indispensable de soumettre à des soins vigilants si on veut réussir. Il faut constamment prendre en considération cette température dans la germination, dans le touraillage des grains, dans les trempes, dans le refroidissement des moûts, dans leur fermentation, etc. Par exemple, pendant un temps calme et humide, les moûts refroidissent mal et au contraire par une atmosphère agitée et sèche, cet abaissement de la température s'opère aisément et promptement en assurant un rendement plus abondant en un produit de bonne qualité.

§ 2.   DE L'EAU.

Il est indispensable dans une distillerie et dans les établissements où l'on fabrique de la levure, d'avoir à sa disposition de l'eau en abondance et bien fraîche s'il est possible. Sous ce rapport, les eaux de pluie, de rivière, de lacs, d'étangs, semblent présenter des conditions assez favorables pour cette industrie; cependant on a discuté assez longuement sur les inconvénients ou les avantages de ces eaux et de celles des puits quand elles sont chargées de certains sels, principalement des sels calcaires qui abondent dans les eaux de certaines localités.

« L'influence de l'eau, suivant M. le docteur Lintner, commence déjà à se manifester pendant le mouillage de l'orge, car plus l'eau est pure, plus l'orge se sature vite d'humidité, mais aussi plus elle perd certains de ses éléments constitutifs. Si on met tremper l'orge et en général tout autre grain dans l'eau distillée, cette eau devient laiteuse par la décomposition de la matière albumineuse et en peu de temps apparaissent les produits de la putréfaction qui, outre l'influence nuisible qu'ils exercent sur l'acte de la germination, facilitent les végétations cryptogamiques et les moisissures; mais si on ajoute du sulfate de chaux à l'eau distillée, cette production de cryptogames n'a pas lieu, car ce sulfate empêche la sortie par endosmose de la matière albuminoïde dans le liquide environnant et réagit sur l'albumine dans les membranes cellulaires du grain.

« On sait qu'on obtient le gluten du blé en lavant la pâte de farine avec de l'eau, opération qui ne réussit pas toujours, surtout avec de la farine provenant d'un blé tendre et farineux. D'après Ritthauser, l'opération réussit aussi toujours, dans le dernier cas, si on emploie de l'eau dure et surtout de l'eau renfermant du sulfate de chaux qui empêche la dissolution et l'enlèvement des parties de la farine auxquelles le gluten du froment doit ses propriétés particulières, indice qu'une certaine quantité de sulfate de chaux agit favorablement sur le malt, ainsi qu'au brassage; car, d'un côté, l'orge ne perd en séjournant dans l'eau aucune partie de la matière albumineuse, et, de l'autre côté, il ne s'en dissoudra pas aussi facilement dans le brassage une trop forte quantité.

« A Burton, en Angleterre, on obtient une bière excellente et qui se clarifie bien avec une eau qui, suivant M. Bottinger, contient 0gr.21 de carbonate de chaux par litre, et dans une brasserie en Wurtemberg on fabrique une bière excellente et bien limpide avec une eau séléniteuse. Enfin, des essais faits dans mon laboratoire démontrent qu'une portion importante du sulfate de chaux de l'eau peut passer dans le moût de bière.

« Une eau qui contient 3 grammes de saturation ne peut plus être employée au brassage. Une plus petite quantité peut déjà être nuisible, car il faut considérer la qualité de la matière. »

Il est très-possible, ainsi que l'affirme M. Lintner, que les eaux chargées de carbonate ou de sulfate de chaux en dissolution soient avantageuses dans la fabrication de la bière et donnent à cette boisson une saveur et un caractère qui plaisent aux consommateurs, et ce qui semble confirmer cette assertion, c'est l'emploi de ces eaux dans la fabrication de quelques produits de ce genre qui jouissent d'une faveur méritée. Mais dans la fabrication des eaux-de-vie et de la levure, la question n'est plus la même, il ne s'agit plus de donner au produit une saveur particulière ou factice, mais de fabriquer celui-ci en plus grande quantité et de bon goût, avec un poids ou d'un volume donné de grain, et dans cette condition nous croyons que l'emploi d'une eau pure doit être plus avantageux à l'intérêt du fabricant.

La raison sur laquelle nous appuyons cette manière de voir est simple. Il nous paraît, en effet, démontré que quand on lave et on mouille le grain de l'orge avec une eau chargée de sels calcaires, ce grain en absorbe une certaine quantité avec les sels en dissolution. Dans l'action d'endosmose qui s'exerce à la surface de chaque grain d'amidon ou de fécule, l'eau pure est absorbée par chaque grain d'amidon, et le sulfate ou le carbonate de soude se dépose à leur surface. Les grains d'amidon se trouvent emprisonnés ou mieux enchatonnés dans une enveloppe calcaire qui les soustrait en partie à l'action de la diastase, laquelle n'a plus de prise sur eux. Ces grains passent alors dans la drèche sans avoir pu être convertis en empois et en sucre et servir à l'alimentation de la levure.

On a aussi élevé une objection contre l'emploi des eaux bien pures dans le mouillage des grains, en faisant remarquer qu'une eau de ce caractère dissout en plus grande partie des phosphates de potasse et de soude contenus dans le grain, et que ces sels sont éminemment utiles dans la fabrication de la levure et dans la fermentation du moût, pour la reproduction de cette substance. Mais, il est cependant utile de faire remarquer que cette dissolution et cette élimination des phosphates ne peut avoir lieu que si on emploie un excès d'eau dans le mouillage du grain, et que quand la quantité de liquide pour cette opération est modérée, qu'elle ne dépasse pas celle que peut absorber le grain pour le gonfler comme dans la germination naturelle, il est certain que l'emploi d'une eau bien pure ne peut avoir d'effet nuisible dans le mouillage.

Il n'en est peut-être pas de même dans le travail au germoir où les arrosages fréquents et abondants du grain qui germe pourraient, s'ils étaient faits en eau très-pure, dissoudre les parties albumineuses, enlever en effet la plus grande partie des phosphates au grain d'orge et le disposer ainsi à donner des moûts moins propres à la végétation d'une abondante levure.

« La présence, dit M. Pezeyre, des matières organiques d'origine animale ou végétale, peut communiquer aux eaux des propriétés délétères et les rendre nuisibles dans certaines industries.

« Aussi il y a des distilleries qui sont condamnées à ne fabriquer que des alcools inférieurs, infectés d'une odeur putride due à l'infiltration du purin ou des résidus solubles de leur fabrication dans les eaux qui alimentent leur usine.

« Les eaux chargées de matières organiques, soumises à la distillation, dégagent des huiles empyreumatiques, des carbures d'hydrogène, d'une odeur nauséabonde qui communiquent une infection détestable à l'alcool lorsqu'il provient d'un brassin préparé avec les eaux ou de la vapeur barbotante employée au chauffage.

« La filtration est impuissante pour se débarrasser des mycodermes et des infusoires qui traversent les filtres et les matières filtrantes. On ne peut s'en débarrasser qu'en les tuant et en filtrant l'eau après leur destruction.

« On peut s'assurer si une eau contient des matières organiques en quantité assez notable, en ajoutant au liquide quelques gouttes de chlorure d'or, jusqu'à ce qu'il acquière une teinte jaune. Si, par l'ébullition, la teinte n'est pas modifiée, c'est que la quantité de matière organique est insignifiante; si, au contraire, elle devient violette ou bleuâtre sous l'influence de l'ébullition, c'est que la quantité de matière organique est assez notable.

« M. E. Monier a créé une méthode pratique qui permet de déterminer la quantité de matières organiques contenue dans une eau quelconque. Cette méthode est basée sur l'emploi d'une liqueur titrée de permanganate de potasse. En présence des matières organiques, la liqueur manganique est décomposée.

« Le permanganate de potasse est encore à un prix trop élevé pour que son emploi puisse se plier aux exigences économiques de l'épuration de l'eau employée en grande abondance dans les usines. Le bimanganate de soude, qui se vend à meilleur marché, peut remplir le même but et rendre de grands services. Les sels de manganèse sont inoffensifs, et leur décomposition par les matières organiques ne laisse dans l'eau que des sels de potasse et de soude.

« Pour débarrasser l'eau des matières organiques, on peut la mêler avec de l'oxyde de fer ou de l'éponge de fer qu'on y laisse séjourner pendant quelques heures, et la filtrer ensuite sur une couche épaisse de noir animal, en ayant soin de renouveler le charbon aussitôt que la force épurante commence à s'épuiser. »

L'acide oxalique peut servir à épurer les eaux calcaires, mais seulement celles destinées à l'industrie.

La chaux caustique est préférable. Un lait de chaux qu'on brasse dans l'eau et une filtration suffisent pour rendre à l'eau calcaire ses bonnes qualités.

CHAPITRE IV.

De la Levure.

Nous allons maintenant étudier avec les développements nécessaires, la substance qui fait le sujet de ce manuel, c'est-à-dire la levure. Nous rechercherons son origine et sa nature, ses caractères généraux, sa physiologie, l'action que la température, l'air et l'eau et divers réactifs exercent sur elle, sa composition chimique et ses qualités utiles ; enfin sa conservation et sa régénération à l'état pur.

ARTICLE Ier. — ORIGINE ET NATURE DE LA LEVURE.

Puisque le sujet de cet ouvrage est l'être organisé auquel on a donné le nom de levure, il est intéressant pour celui qui veut en faire l'objet d'une spéculation, de le connaître plus intimement, c'est-à-dire, de l'étudier sous le rapport de son origine, de sa nature et de ses propriétés physiologiques.

La connaissance intime de la substance à laquelle on applique le nom de levure, a été pendant bien longtemps extrêmement imparfaite, et plus tard très-confuse. Les travaux des botanistes, des physiologistes et des chimistes ont, il est vrai, dans ces derniers temps, jeté beaucoup de lumière sur cet être mystérieux et étendu beaucoup le cercle de nos connaissances à ce sujet ; cependant ces travaux laissent encore bien des points à éclaircir, et des études nouvelles sont nécessaires pour faire disparaître les derniers doutes et quelques divergences dans les opinions.

La levure est un être qui fait partie du règne végétal et appartient à l'ordre des cryptogames et à la famille des mucédinées.

La mucédinée qui porte le nom vulgaire de levure, a reçu des botanistes ou des physiologistes qui ont été les premiers à constater sa nature, le nom de *mycoderma cerevisiæ*, parce que c'est dans la préparation et la fabrication de la bière (en latin *cerevisia*) qu'on a pu surtout en étudier les caractères et le mode de reproduction.

Des Mazières considérait la levure comme appartenant à la classe des infusoires.

Kützing, qui la nomme *cryptococcus cerevisiæ*, la regardait comme faisant partie de la famille des Algues.

Swann paraît être le premier qui l'ait considérée comme étant en réalité une mucédinée.

Berkeley est le premier qui l'ait envisagée comme un état particulier du *penicillium glaucum*.

Hoffmann a pensé qu'elle se compose des spores

les mucédinées suivantes : *penicillium glaucum*, *ascophora mucedo*, *ascophora elegans* et *perizonia hyalina* ; du moins ce sont ceux qu'on observe, suivant lui, le plus communément dans la levure.

D'autres, Turpin entre autres, ont considéré la levure comme appartenant à une espèce du genre *torula*.

De Bary la regarde comme un organisme *sui generis* qui se rapproche vraisemblablement des mucédinées typiques qui se propagent par bourgeonnements comme la levure, tels que le *Dematium pullulans*, *Exoascus*, etc.

M. Bail a cru découvrir des caractères nouveaux dans la mucédinée qui produit la fermentation alcoolique de la bière et lui a donné le nom de *Hormiscium cerevisiæ*.

D'après les travaux récents d'un botaniste très-distingué, M. Trécul, il y aurait identité parfaite entre les mycodermes auxquels on a donné les noms de *mycoderma cerevisiæ*, *torula* et *penicillium*.

Suivant M. J. de Seyne, le mycoderme de la levure de bière serait accompagné le plus souvent de conidies du *penicillium* et du *mucor* ainsi que des spores de torulacées qui lui ressemblent.

Ce qui paraît certain, c'est que dans un liquide qui fermente on rencontre plusieurs mucédinées qui peuvent concourir à cette opération ou du moins à chacune de ses phases; mais il est présumable qu'il y en a toujours une qui joue le rôle principal dans chaque phase et c'est celle-là qu'on a cherché à distinguer dans chaque cas particulier.

En effet, indépendamment des spores qui paraissent être les agents actifs de la fermentation, on rencontre encore dans les liquides en état de fermen-

tation de longs chapelets qui paraissent composés de
granules très-fins auxquels M. Hallier a appliqué le
nom de *Leptothrix* et qui, selon ce physiologiste,
sont également des organismes végétaux ne prenant aucune part à la fermentation.

M. Hoffmann, qui a observé également ces chapelets, pense aussi que le *leptothrix* qu'on signale dans la
fermentation de la bière, ne joue aucun rôle dans ce
phénomène. Cependant M. Hallier fait remarquer, et
avec lui d'autres observateurs ont constaté que ces
chapelets s'échappent de la cellule de la levure et
qu'il se pourrait faire, s'ils ne jouent pas en effet un
rôle immédiat dans les premières phases de cette fermentation, qu'il leur en soit réservé plus tard un
autre dans ce phénomène physiologique. Nous reviendrons plus loin sur ce sujet.

Du reste, le *mycoderma cerevisiæ* serait, suivant
une observation de M. Trécul, susceptible de varier
de forme avec la composition du liquide dans lequel il végète. Si la matière nutritive est abondante,
il donne des végétations puissantes. Si elle est plus
rare, il est moins vigoureux; enfin si elle est très-
rare et si la nutrition se fait mal, on n'a plus que des
plantes maigres, à rameaux filiformes d'une grande
délicatesse (probablement celles auxquelles M. Hallier
a appliqué le nom de *Leptothrix*).

Turpin avait émis l'assertion que la levure se transformait en *penicillium glaucum*, assertion reproduite, étayée de nouvelles observations, par divers botanistes allemands et que M. Trécul, comme on vient
de le dire, a de nouveau soutenue en France en 1861.
Mais, suivant M. Pasteur, quand on vide un liquide
qui fermente à une époque quelconque de la fermentation, le dépôt de la levure qui reste dans le vase

eut y séjourner au contact de l'eau sans que jamais
n voie apparaître la moindre formation de *penicil-
ium glaucum*, tandis que si l'on y sème du *penicil-
ium*, une végétation abondante de la moisissure se
nontre ultérieurement, surtout si on fait passer dans
e ballon où se fait l'expérience, un courant d'air
ur qui chasse le gaz carbonique et la vapeur d'al-
ool. Les botanistes et les chimistes ont été, suivant
1. Pasteur, dupes d'une illusion qu'on rencontre si
réquemment dans les observations au microscope.

On peut, dans cette expérience, se servir de di-
erses levures alcooliques, mais celle qui réussit le
nieux et que M. Pasteur a le plus souvent employée,
st la levure ordinaire de la fermentation du moût de
aisin. C'est une levure basse, mais qui n'est pas la
raie levure des brasseries à fermentation basse.

M. Pasteur a fait voir aussi que la levure ne pou-
ait nullement être remplacée par les spores des cham-
ignons.

Enfin les bacteries ou êtres baccillaires qu'on ob-
erve dans les jus fermentés ne paraissent prendre
ucune part actuelle au travail de la fermentation.

Nous ne sommes pas dans l'intention de rapporter
es observations et de développer les raisons qui ont
ait adopter aux physiologistes et aux botanistes, les
pinions sur le rang que la levure de bière doit oc-
uper dans le tableau systématique et général de la
ature, mais nous ne pouvons nous dispenser de pré-
enter ici un résumé des travaux les plus récents sur
a matière, qui d'ailleurs ont été faits avec des moyens
l'observations plus parfaits et par des physiologistes
rès-habiles.

Nous exposerons d'abord les travaux que M. Hallier

a consignés en 1865 dans le *Botanischen Zeitung* et dans son ouvrage intitulé *Des phénomènes de la fermentation, et recherches sur ces phénomènes, sur la putréfaction et la décomposition, etc.*, et nous emprunterons un résumé de ces travaux au livre publié en 1874 par M. Ed. Donach sous le titre de *Introduction à l'étude pratique de la fermentation*, in-8°.

Remak a le premier attiré l'attention sur une végétation parasite qui se développe en plus ou moins grande abondance dans la cavité buccale de l'homme. Cette végétation a été rangée parmi les algues sous le nom de *Leptothrix buccalis*. En 1865, M. Hallier a fait un examen attentif de cet organisme et a trouvé des analogies extrêmement intéressantes entre le *leptothrix* et le *penicillium crustaceum* ordinaire.

Si on sème les spores de cette mucédinée dans l'eau distillée, ces spores ne végètent pas ou du moins ne végètent qu'avec une extrème lenteur, et éprouvent une transformation complétement différente de la germination ordinaire. Ils sont d'abord très-brillants, et à peine aperçoit-on l'embryon du noyau central luisant que M. Hallier considère comme analogue au noyau plasmatique des algues.

Les *penicillium* pullulent ensuite vigoureusement, et on distingue nettement leur membrane et leur contenu; on voit le noyau se partager par dédoublement continu en plusieurs noyaux.

Les noyaux possèdent la faculté de former autour d'eux des vacuoles comme ceux des cellules végétatives de cette mucédinée et de beaucoup d'autres. Les cellules se développent énergiquement pendant le dédoublement, elles éclatent, et les noyaux doués d'un mouvement vif sont chassés comme un essaim au dehors. Ces essaims, sous un grossissement linéaire de 1500 fois, ont la forme d'un globule pourvu d'une queue et parfois celle d'un cône très-pointu.

Ces globules ou essaims passent bientôt à l'état de repos et commencent à opérer eux-mêmes ce développement propre que M. Hallier appelle *Leptothrix-chapelet*. Ils se prolongent par leur extrémité caudale et forment en s'étranglant une cellule double; chaque cellule-sœur a une forme globuleuse ou légèrement allongée. Chacune se rattache à son tour dans la même direction à ces cellules-sœurs, toujours à celle nouvelle, de façon qu'au bout de peu de temps, il en résulte souvent des chapelets excessivement déliés et souvent très-longs. Chaque article de ce chapelet se propage à ce qu'il paraît à l'infini, de façon qu'on aperçoit souvent des articles doubles, c'est-à-dire des articles qui se ramifient.

Ces chapelets sont identiques aux organismes de la cavité buccale qu'on a désignés sous le nom de *Leptothrix buccalis*.

Semées sur une solution de sucre, les leptothrix-chapelets se développent nettement en *penicillium* proligères. M. Hallier explique alors comment, sous certaines conditions, il se forme des leptothrix avec les spores des mucédinées, tandis que dans d'autres circonstances on voit provenir de nouveau des leptothrix-chapelets des *penicillium* végétants. Dans la bouche, par exemple, il ne se génère jamais de plantes pénicilliées des articles de leptothrix présents, et il ajoute « les cavités du corps (cavités buccales, etc.) sont évidemment riches en acide carbonique et pauvres en oxygène; en second lieu, le mucus de l'epithelium est riche en matières alimentaires azotées.

Une mucédinée proligère ne se forme jamais que dans l'air, c'est-à-dire là où il y a accès abondant d'oxygène, tandis que pour son développement le leptothrix n'a besoin que d'un air pauvre en oxygène, et un substratum riche en azote. »

Le mode de développement du leptothrix dépend donc beaucoup de savoir s'il s'opère à l'intérieur d'un milieu approprié ou à la surface.

Les embryons ou essaims grouillants se forment dans les deux cas, mais leur mode de développement, après qu'ils sont arrivés au repos, est particulier dans chaque fermentation, et par conséquent dépend de la constitution chimique de la substance.

La principale différence réside entre le substratum riche en azote et celui pauvre en azote. Dans les milieux où l'azote abonde, les essaims arrivent comme à l'ordinaire à l'état de repos, puis ils se partagent par étranglement et les cellules-sœurs deviennent immédiatement libres. Il ne se forme donc pas de chapelets, mais des cellules distinctes. Chaque cellule libre se partage aussi énergiquement que les articles des chapelets.

C'est ainsi qu'il naît dans les matières en putréfaction des masses immenses de cellules, que M. Hallier appelle cellules de levain putride. Avec ce levain putride, on peut également à l'air libre faire naître du *penicillium*. Dans les milieux pauvres en azote, il se développe des phénomènes tout différents. Des spores de *penicillium* introduits dans une matière de ce genre (une solution de sucre avec un peu d'eau bouillie sur du fromage) éclatent au bout de peu de temps, lâchent des essaims qui forment à la surface des chapelets de leptothrix, tandis qu'à l'intérieur du liquide ces essaims provoquent immédiatement la fermentation alcoolique de la liqueur. Il se forme en particulier avec les essaims de leptothrix et les articles des chapelets, ainsi qu'avec les cellules du levain putride une levure réellement parfaite. Il est facile, suivant M. Hallier, de s'assurer de ce fait en prenant un petit morceau au milieu (non pas à la surface) d'un fromage tout à fait vieux qui est très-riche en organismes qu'on vient de décrire et de le jeter dans un liquide convenable, surtout un suc de fruit bouilli. Voici maintenant ce qu'on observe :

Les cellules du levain putride, les essaims de leptothrix et les articles des chapelets, par suite de la nutrition incomplète de leur noyau ou embryon, sont exposés à un épaississement bien plus considérable de leur paroi. On voit à une température de 38 à 50° C. et peu d'heures après (une à deux), les petites cellules embryonnaires brillantes, où l'on ne distingue pas l'embryon de la paroi, fortement gonflées et pourvues d'un petit noyau.

Les cellules de levure qui en résultent se multiplient exactement de la même manière que les cellules embryonnaires dont elles proviennent surtout par l'étranglement d'une cellule de bourgeon qui, dans la levure vraie, se détache immédiatement de la cellule-mère. A l'origine de la fermentation, on observe toutes les formes transitoires, depuis les cellules embryonnaires jusqu'aux cellules de la levure bien définies, et on peut très-bien suivre sur le porte-objet leur évolution successive.

Suivant M. Hallier, on distingue donc comme stades du développement des spores des mucédinées, le leptothrix (chapelets et articles de chapelets), cellules du levain putride et levure parfaite à laquelle il donne le nom de *levure-cryptococcus*.

M. Hallier trouve alors que l'organisme désigné tout d'abord comme *leptothrix buccalis*, non-seulement se rapproche du *penicillium glaucum*, mais que beaucoup de mucédinées présentent un stade semblable de développement. Par conséquent, le mot leptothrix n'indique pas dans le sens mycologique une espèce de mucédinée, mais un mode de végétation commun à un grand nombre de mucédinées.

D'un autre côté, M. Hallier conteste la distinction établie par M. de Bary entre les parasites et les saprophytes, et suivant lui tous les parasites peuvent se présenter comme des saprophytes; en outre, la moisissure est un mode de végétation qui se rencontre chez toutes les mucédinées et déterminé uniquement par la nature du milieu alimentaire; les moisissures ne constituent nullement un groupe spécial; mais toutes, même les mucédinées du développement le plus élevé, peuvent se présenter sous la forme de moisissures.

Les mêmes mucédinées, ajoute-t-il, qui se présentent comme moisissures forment fréquemment aussi de la levure. Ces mucédinées se présentant uniquement comme levure, sont inconnues, et par conséquent il n'est pas rationnel d'attribuer les diverses cellules de levure à des espèces diverses, et même à des genres, comme l'ont fait quelques savants éminents et de leur donner des noms qui, la plupart du temps, ne signifient rien, tels que *cryptococcus, hormiscium, torula,* etc.

Il est possible que toutes les mucédinées, en même temps et de la même manière qu'elles affectent la structure de moisissure comme formes végétatives, puissent également affecter des formes de levure, mais jusqu'à présent on n'est parvenu à le démontrer que pour un nombre déterminé. Dans tous les cas, le nombre des mucédinées qui peuvent fournir de la levure est assez considérable, et c'est ce que démontre le nombre des espèces où M. Hallier a réussi à démontrer les formes de levure.

Quoi qu'il en soit, peu de mucédinées généralement affectent cette structure spontanée si fréquente de levure, et ce sont celles qu'on a à tort désignées comme moisissure et qu'on a rangées systématiquement dans les genres *Penicillium, Aspergillus, Botrytis, Mucor*, etc., qui, en tout cas, n'embrassent qu'une portion des formes végétatives des mucédinées en question.

Il s'agit encore de résoudre la question de savoir comment se comportent les différentes formes de levure relativement à des mucédinées déterminées. Chaque mucédinée particulière fournit-elle une levure pour un mode particulier de fermentation ? ou bien ce mode de fermentation dépend-il de la substance et non de la mucédinée? On peut, d'après un grand nombre d'expériences sur ce sujet, jeter quelque lumière sur la dernière opinion. M. de Bary avance bien l'idée qu'il est probable que les diverses mucédinées de la moisissure exercent une action différente sur leur substratum, mais pour les diverses formes de la levure, il n'y a jusqu'à présent aucun fait qui vienne à l'appui de cette opinion. Les mucédinées de la moisissure qui se développent si fréquemment, agissent dans tous les phénomènes de fermentation, presque toujours de la même manière sur leur substratum, indépendamment de l'espèce de moisissure. Le *penicillium* produit dans un liquide riche en sucre une fermentation alcoolique aussi complète que le *Mucor*, l'*Aspergillus* et nombre d'autres mucédinées.

Si on résume enfin les opinions développées par M. Hallier, on arrive aux conclusions suivantes :

1° La levure n'est nullement un groupe systématique particulier de végétaux ; elle représente une forme de développement particulière des cellules de propagation d'une grande série de plantes mucédinées, influencées par la nature du milieu alimentaire ; mais, en général, il n'y a qu'un petit nombre de mucédinées qui prennent part à la formation de la levure, et à ces mucédinées appartiennent les genres *Penicillium, Aspergillus, Botrytis, Mucor,* etc., et probablement les conditions d'existence leur sont plus favorables que pour les autres.

2° La levure peut, dans des circonstances appropriées, se développer de rechef sous les formes typiques originelles.

3° L'origine de la levure est sans influence sur la nature de la fermentation ; dans une substance susceptible de fermenter, les plus diverses espèces de mucédinées ne provoquent qu'un seul genre de fermentation.

Les recherches de M. Hallier semblaient avoir résolu la question de la nature de la levure d'une manière satisfaisante, lorsque M. Rees, en 1869, publia de nouvelles recherches sur la levure de bière où il a contesté l'exactitude des travaux des observateurs qui l'ont précédé, même ceux de M. Hallier, toutefois en confirmant des assertions de de Bary, c'est-à-dire, en cherchant à se placer sur un terrain différent.

M. Rees entend sous la désignation exclusive de mucédinée de la levure de bière, *Saccharomyces cerevisiæ* Meyen, celle qui, dans la brasserie, sert à mettre les moûts de bière en fermentation alcoolique; celle qui est, d'après des indications certaines, la même que le levain des distillateurs de grains et diffère spécifiquement, du moins autant que les recherches ont permis de s'en assurer, du ferment du moût des raisins.

M. Rees nie la légitimité des conséquences qu'on tire de toutes les recherches où on suppose que la levure de bière se compose de cellules proligères de plusieurs mucédinées, *mucor, penicillium, aspergillus, Oidium*, etc.

Quand même ces mucédinées seraient issues de la levure, ce ne serait pas encore une preuve qu'ils représentent en réalité la levure de bière proprement dite, quoique les spores de ces mucédinées soient dans tous les cas en état de provoquer une fermentation alcoolique plus ou moins modifiée.

Mais comme conséquence de ce qui précède, si on suppose le cas inverse, c'est-à-dire que les spores des mucédinées issues de la levure, en provoquant une fermentation dans les liquides sucrés et en formant de la levure, ne sont pas une preuve des allégations qui ont été mises en avant, M. Rees admet néanmoins que dans tous les cas, les spores du mucor provoquent la fermentation et peuvent former de la levure, mais que les cellules de la levure-*mucor* se distinguent notablement de la levure de bière proprement dite (*Saccharomyces cerevisiæ*). Les premières ont à l'état de développement complet, un diamètre de 3 à 5 fois plus grand que les dernières; la membrane cellulaire de la levure-mucor se colore en rouge vineux avec le chlorure de zinc iodé, et celles de la levure de bière toujours en jaune.

M. Rees a constaté de plus, que pendant que les cellules de la levure-mucor et des autres mucédinées indiquées forment à l'air un mycelium exubérant duquel se développent les carpophores avec les sporanges, fait qu'on n'observe jamais dans la vraie levure de bière, le *saccharomyces cerevisiæ*. M. Rees a cultivé la levure de bière sur des *substratum* qui paraissaient peu propres à développer des fermentations alcooliques véritables, à raison de la proportion très-faible de sucre, par exemple sur des tranches de topinambours, de pommes de terres, de chou-navet, les unes crues, les autres cuites; or la levure s'est comportée sur ces substances d'abord de la même manière que dans les solutions susceptibles de fermenter; on a vu apparaître les bourgeons caractéristiques de la levure. Le quatrième jour de la culture, le bourgeonnement est resté fort en arrière, et le cinquième jour on a vu se manifester le changement suivant :

Les vacuoles ont disparu complétement, un protoplasma dense a rempli les cellules de la levure. Bientôt après on a vu apparaître dans chacune d'elles, de 2 à 4 îlots ronds, qui, avec le temps, se sont entourés d'une membrane très-délicate. Les 2 à 4 cellules-sœurs qui en sont résulté, sont restées encore faiblement recouvertes par places, d'un plasma pariétal et adhéraient étroitement entre elles et à la membrane de la cellule-mère; leur membrane s'est alors

épaissie et celle de la cellule-mère a peu à peu disparu.

La marche décrite de la formation libre de la cellule,
s'accorde avec celle du développement des ascospores
(*atrociles seminales*) des formes les plus simples
d'*ascomycetes*.

Ainsi donc, pendant que le mucor et les moisissures ont dans certaines circonstances formé du
mycelium et plus tard des carpophores, le *saccharomyces cerevisiæ* a développé à l'air des ascospores.

Ces ascospores, transportés dans des solutions sucrées étendues, du moût de bière etc., germent et
forment de nouveaux bourgeons de levure.

M. Rees croit que la marche du développement de
la levure de bière est terminée par la formation des
ascospores, qu'elle ne possède ni mycelium propre
ni conidies, et que ses bourgeonnements ne sauraient
être interprétés comme un état intermédiaire qui
différencie ou distingue le mycelium et les conidies.

ARTICLE II. — ORGANISATION DE LA LEVURE.

Après avoir cherché à établir l'origine de la levure
et le rang qu'elle doit occuper dans l'échelle des êtres
organisés, il est nécessaire de faire connaître la manière dont elle se présente aux yeux du physiologiste
qui en recherche l'organisation et la structure.

Déterminons premièrement quels sont les caractères
généraux ou principaux qu'on a pu, dès l'origine,
constater dans la levure de bière.

La levure est un ensemble de cellules distinctes,
sortes de globules remplis d'un liquide et de corps

solides contenus dans une enveloppe d'une certaine consistance.

Cette enveloppe est un tissu cellulaire, et son contenu se compose principalement de matières albumineuses qui se présentent sous les deux états d'albumine aisément soluble dans l'eau et d'albumine insoluble dans ce liquide. La première est contenue à l'état de dissolution dans la cellule, la seconde peut absorber l'eau et augmenter ainsi de volume.

La cellule absorbe l'eau par voie d'endosmose, et cette absorption, en séparant l'albumine soluble de celle insoluble, permet à celle diluée de s'échapper par voie d'exosmose à travers la membrane de l'enveloppe sans la rompre. C'est à ces phénomènes de dialyse que la cellule doit, quand elle est placée dans des conditions favorables, son développement et sa propagation.

Dans son état normal, la cellule de levure a une forme arrondie, parfois légèrement elliptique ou mieux ovoïde et présentant, selon quelques physiologistes, en moyenne 1/100 de millimètre de diamètre.

Quand la cellule est encore dans le jeune âge, on n'y remarque que très-difficilement une structure définie, mais dès qu'elle est adulte et qu'elle a acquis tout son développement ou plutôt sa maturité complète, elle se compose, comme on l'a dit, d'une enveloppe ou paroi celluleuse, d'une gaîne primordiale, appliquée sur cette paroi, et d'une substance albumineuse à grains fins, hyalins dans les jeunes, auxquels on a appliqué le nom de *protoplasma*, et on remarque dans ce protoplasma des *vacuoles* tantôt homogènes, tantôt remplies de granules animés d'un mouvement très-vif de vibration.

Le protoplasma de la levure de bière est, en outre, suivant les auteurs, le siége d'une active propagation le granules fins, et il disparaît pour faire place peu à peu à ces granules dont quelques-uns en se développant plus activement que les autres, finissent par remplir toute la capacité de la cellule-mère.

M. Trecul, qui a étudié avec beaucoup de soin la structure de la levure de bière, en a présenté la description que voici :

« Observée sous le microscope, la levure se compose de petits globules ou mieux de cellules de 1/100 de millimètre de diamètre, ayant une couleur gris jaunâtre. Ces globules sont translucides et paraissent formés d'une enveloppe solide renfermant une matière liquide au sein de laquelle flottent des granules qui peu à peu se multiplient et finissent par envahir tout l'intérieur et par remplacer le liquide. Ces globules sont mous comme du gluten, insipides et inodores. Cette levure desséchée forme une masse jaune-brun, cornée, dure et cassante qui peut se conserver sans altérations bien sensibles avec ses propriétés. Humectée avec de l'eau et à une température de 15 à 20° C., cette masse s'altère, se putréfie et prend une odeur de vieux fromage en absorbant de l'oxygène et en dégageant de l'acide carbonique et des gaz ; elle contient alors du carbonate d'ammoniaque, des acides butyrique et lactique, ainsi que des corps auxquels on a donné les noms de *tyrosine* et de *leucine.* »

Nous reviendrons sur ces transformations dans la suite de ce manuel.

Il paraît donc, comme nous le constaterons, à mesure que nous avancerons dans l'étude de cet être, que la levure est un corps organisé végétal qui contient de l'azote.

Du reste, la levure ne se présente pas toujours avec ces caractères, et nous avons eu plus haut l'occasion d'annoncer que son état dépend de la nature du milieu où elle végète et des matières alimentaires qu'on met à sa disposition.

Peut-être est-il à propos de donner ici une idée de l'activité prodigieuse que développent les êtres microscopiques dans leur propagation et leur multiplication.

Si on prend de la levure de bière bien saine et essorée et qu'on la pose sur un papier buvard jusqu'à ce qu'elle ait pris une consistance ferme et qu'elle contienne encore 20 pour 100 de matière sèche, on peut apprécier facilement le nombre des cellules qu'un espace donné de cette matière renferme. C'est ainsi que sous un grossissement de 330 diamètres, M. Dumas a calculé que le nombre de ces cellules est de 60 à 77 par millimètre carré apparent, c'est-à-dire qu'il y a 19,800 cellules par millimètre carré réel et 2,772,000 par millimètre cube effectif. La densité de cette levure à cet état de pâte diffère peu de celle de l'eau; elle est égale à 1,036.

Mais on peut se former encore une idée plus précise de la rapidité et de l'activité de la multiplication des infusoires et des êtres microscopiques, par ce calcul qu'on trouve dans l'ouvrage que M. F. Cohn a publié récemment à Berlin sur les bacteries et dont voici un extrait :

M. Cohn a calculé qu'une bacterie peut, si les circonstances sont favorables, se multiplier à peu près 17 millions de fois en 24 heures, en 2 jours 281 billions de fois et ainsi de suite. Le *Bacterium termo* n'a qu'un diamètre de $0^{mm}.001$ et une longueur de $0^{mm}.002$; et par conséquent un millimètre cube peut contenir 600 millions de ces organismes microscopiques; la progéniture d'un seul individu pourrait en deux jours remplir 5 litres, et en continuant à se multiplier combler en cinq jours la mer tout entière. 600 milliards de cette bacterie ne pèsent pas tout à fait un gramme, et déjà au bout de trois jours le poids de la lignée d'un de ces êtres pourrait s'élever à 7 millions de kilogrammes. Si la multiplication des bacteries reste bien au-dessous de ces chiffres, c'est qu'ils y rencontrent des obstacles, tels qu'une alimentation insuffisante, et que d'autres circonstances défavorables en entravent et en arrêtent la terrible multiplication.

Maintenant, quarante millions de cellules de levure pèsent, dit-on, un kilogramme environ, et par conséquent dans une fabrique de cette substance on pourrait en recueillir 5,000 kilog. On est assurément bien loin de ce compte, mais ce calcul n'en est pas moins instructif en nous donnant une idée du travail considérable auquel sont soumis ces organismes infiniment petits dans leur multiplication et du rôle qu'ils jouent dans la nature.

ARTICLE III. — MULTIPLICATION ET GÉNÉRATION DE LA LEVURE.

Nous avons vu dans l'article précédent l'activité remarquable de la levure dans sa propagation ; essayons maintenant de décrire comment cet être organisé se multiplie dans diverses circonstances.

Il y a déjà bien longtemps qu'on a constaté et reconnu ce fait que dans la fermentation alcoolique,
il se forme deux sortes de levure, l'une dite *levure
haute* ou *superficielle* et l'autre *levure basse*, de *fond*
ou de *dépôt*, dénominations basées sur la manière
dont chacune de ces levures se comporte pendant
la fermentation des moûts sucrés.

On sait parfaitement que la levure haute forme
des globules plus ou moins adhérents les uns aux
autres, tandis que ceux de la levure basse sont moins
disposés à former des masses ou des agglomérations.

La levure haute agit principalement à des températures entre 12° et 24° C.; elle détermine en général une fermentation vive, parfois tumultueuse
avec beaucoup d'écume et elle s'accomplit en peu de
temps.

La levure basse, au contraire, agit à des températures entre 4° et 10° avec moins d'énergie et plus de
lenteur.

On a avancé depuis longtemps que la levure haute
et celle basse étaient un organisme qui, suivant les
conditions dans lesquelles il se trouve placé, agit et
se multiplie d'une manière différente; on discutera
plus loin cette assertion.

Examinons en premier lieu les phénomènes que
présente la multiplication de la levure de bière et
présentons d'abord un résumé des observations an-
térieures et des opinions qui ont eu cours à ce sujet
jusque dans les derniers temps.

Nous avons déjà vu que la levure de bière, quand
on la considère sous le point de vue de sa multiplication, se propageait de deux manières différentes et
entièrement distinctes entre elles : 1° par bour-

geonnement de la cellule déjà existante ; 2° par le développement de granules qui s'échappent de la cellule lorsqu'elle éclate. Etudions en premier lieu le mode de propagation par voie de bourgeonnement.

1° Le bourgeonnement se montre le plus ordinairement sur l'extrémité du grand axe de la cellule elliptique ou sur ses côtés. En deux heures au plus une cellule bien vivante et arrivée à maturité, flottant dans un liquide susceptible de fermentation, lui offrant une alimentation suffisante et porté à la température convenable, peut détacher un bourgeon

Lorsque les vacuoles contenues dans la cellule ont acquis une capacité assez grande elles commencent à diminuer, puis disparaissent complètement. A cette époque elles sont remplacées par une masse de granules qui existaient déjà dans la cellule, mais qui, en grossissant, augmentent le volume de celle-ci, en même temps que le mouvement vibratoire des granules semble s'accélérer. Cette masse vibratoire paraît enfin se localiser dans un point à l'intérieur de la cellule et aussitôt on voit apparaître à l'extérieur de ce point et sur le côté, la protubérance qui doit constituer une jeune cellule. Du protoplasma granulaire de la cellule-mère s'échappent d'abord les granules les plus fins, puis ceux plus gros qui doivent former la nouvelle cellule. Ces granules semblent se mouvoir dans tous les sens en tournant sur eux-mêmes, mais en s'échappant dans une direction déterminée. Dès que la jeune cellule a atteint à peu près la moitié du volume de la cellule-mère, le protoplasma commun aux deux cellules se partage dans la surface du contact et la jeune cellule devient libre. Dans les circonstances favorables, en deux jours au plus les jeunes cellules ont bourgeonné à leur tour et présentent dans le moût des masses de cellules aggrégées mécaniquement entre elles et flottant à la surface du liquide en état de fermentation.

L'enveloppe cellulaire tout entière peut être le lieu du bourgeonnement de la levure, c'est-à-dire que le mode de reproduction peut se manifester sur tous ses points, mais le plus communément le bourgeonnement a lieu à l'extrémité la plus petite du grand axe ou sur ses côtés.

Ainsi le bourgeon qui se développe sur la cellule-mère, dès qu'il a atteint un peu moins du volume de celle-ci, s'en détache, acquiert bientôt à son tour celui de sa mère, et produit lui-même de nouveaux bourgeons.

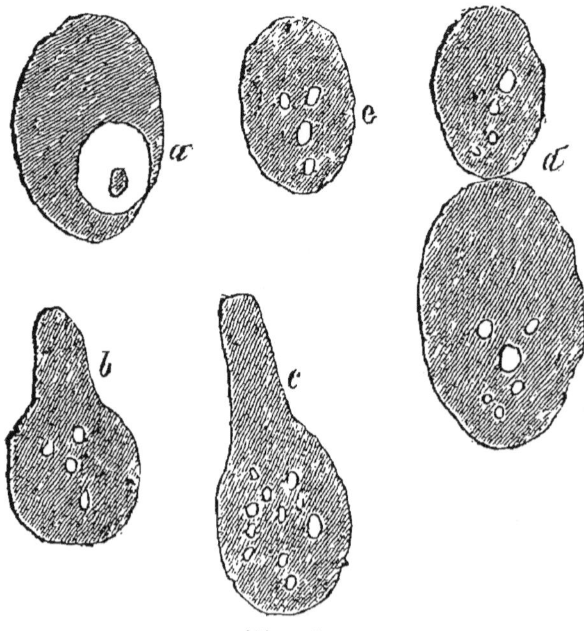

Fig. 1.

La vignette ci-contre représente, suivant M. Habich,

une cellule de levure haute sous un grossissement de
2000 fois : *a* est une cellule-mère avec une protubérance ; *b* cette même protubérance qui commence en
c à marquer sur le corps de la cellule, tandis qu'en
d la jeune cellule a déjà une vie qui lui est propre et
enfin en *e* s'est détachée de la cellule-mère.

Mitscherlich, qui a observé avec soin au microscope
le développement des cellules de la levure de brasserie, en donne la description suivante :

Pendant les deux premières heures d'observation

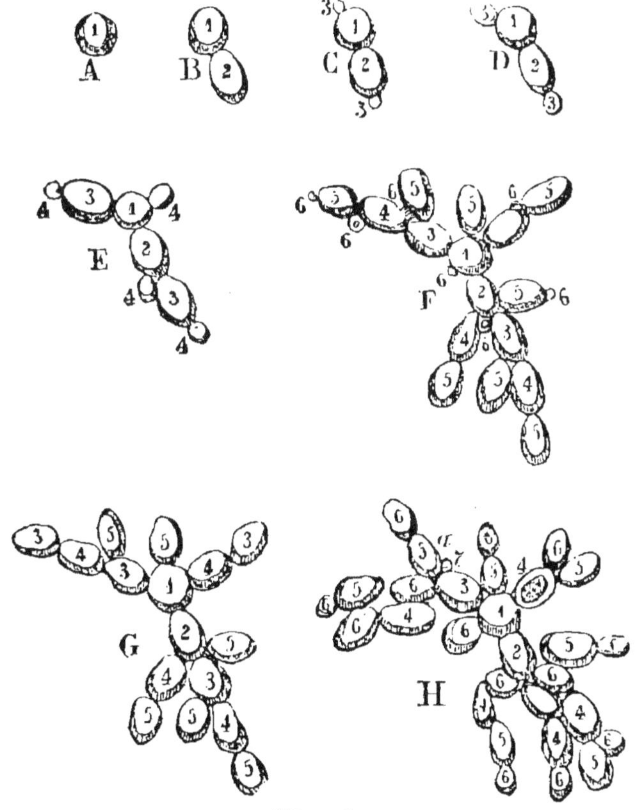

Fig. 2.

le globule 1 A fig. 2, ne présente rien qui soit bien

particulier, mais au bout de cette époque il se forme à la surface un renflement comme un sac herniaire, véritable bourgeon qui constitue bientôt une nouvelle cellule qui augmente peu à peu pendant six heures, au point d'atteindre les dimensions de la cellule primitive B 2. Peu après il se forme de nouveaux bourgeons **3, 3** C, l'un sur la cellule primitive, l'autre sur la cellule-sœur **3, 3** D, puis un peu plus tard il s'en développe encore sur toutes les cellules **4, 4** E, et quand ces bourgeons ont acquis la dimension des cellules primitives, ils en émettent de nouveaux **5 5** F G. Enfin, au bout de trois jours, il existe autour de la cellule-mère trente cellules-sœurs **2, 3, 4, 5, 6** H et il peut même s'en former encore le quatrième jour, mais il est rare, suivant cet observateur, qu'il s'en forme davantage, surtout si toute la matière azotée a été épuisée.

On voit, dans les figures, qu'on a indiqué par des chiffres l'âge des diverses cellules-sœurs, que la plupart du temps après leur développement elles sont accolées les unes aux autres, mais cependant qu'elles n'ont pas de communication entre elles.

2° Le second mode de développement s'observe surtout dans les vieilles cellules de levure; celles-ci augmentent de volume sous l'influence d'un protoplasma devenu plus abondant; sous la pression intérieure les granules font hernie sur la membrane et celle-ci ne pouvant plus résister à cette pression, éclate et laisse échapper ces granules dont quelques-uns se développent en peu de jours sous forme de cellules et les autres constituent les chapelets de leptothrix.

M. Hallier, de son côté, a décrit ainsi qu'il suit ce second mode de propagation de la levure :

Suivant lui, la cellule vieille de levure basse ne renferme plus de protoplasma qui a servi à produire les granules dont il a été question, mais contient de gros granules auxquels il a donné le nom de *leptothrix-granules*. Dans cette vieille cellule, l'enveloppe membraneuse a perdu son élasticité et ne peut plus donner lieu au bourgeonnement, et les granules grossissant toujours, elle augmente de volume et bientôt se fissure et se déchire, et les granules s'échappant sont projetés à une certaine distance en une masse continue; puis, cela fait, la cellule se contracte et diminue de volume. La masse granuleuse s'étant répandue dans le moût, quelques-uns de ces grains se distribuent dans le liquide où ils se distinguent par un mouvement moléculaire, d'autres se développent au bout de quelques jours sous la forme de cellules; enfin, il en est qui restent sous la forme de chapelets.

M. Trécul avait constaté qu'une levure basse produite à + 12° C. lui avait offert de beaux exemples de bourgeonnement, et qu'il n'avait remarqué dans cette levure et celle haute d'autre différence que celle du volume, celle basse étant généralement plus grosse.

Nous pouvons maintenant compléter les notions précédentes en résumant les travaux les plus récents sur les phénomènes de la propagation de la levure.

Examinons en conséquence, avec plus d'attention, les deux sortes de levures qui montrent sous le microscope certaines différences morphologiques, et prenons pour guide dans cet examen la monographie de la fermentation alcoolique de M. Ed. Donath, ouvrage que nous avons déjà eu l'occasion de citer.

Tandis que la levure haute se compose de cellules

réunies entre elles et qui se développent ensemble, la levure basse consiste en cellules distinctes qui ne présentent aucun enchaînement ou liaison entre elles, mais paraissent uniquement rapprochées mécaniquement les unes des autres.

On a, jusqu'à présent, constaté comme un fait général que les levures haute et basse se propagent d'une manière différente.

La levure haute, en effet, se propage par bourgeonnement proprement dit, qui consiste en ce que sur chaque cellule-mère il se forme un ou deux bourrelets saillants qui sont remplis de protoplasma. Ce sont là les rudiments des cellules-sœurs. Celles-ci se développent et adhèrent encore à la cellule-mère, mais seulement par une base relativement petite. Dès que les cellules-sœurs ont acquis la grosseur des cellules-mères, elles s'en détachent assez ordinairement; parfois, cependant, elles y restent unies en poussant de nouveaux bourrelets, de façon qu'il en résulte alors une sorte de couronne ou de rose, et souvent en même temps des colonies rameuses de cellules.

On a admis que la levure basse a un autre mode de multiplication, mais le fait n'a pas encore été confirmé par des observations parfaitement exactes. On a cru que la cellule-mère éclatait, se vidait de son contenu granuleux, et que chacun des granules constituait une nouvelle cellule de levure.

On expliquait cette différence entre le mode de propagation de ces deux sortes de levures par un état ou rapport différent dans le degré d'élasticité des membranes cellulaires. Tandis que la levure haute est de la levure jeune, où l'élasticité de la membrane celluleuse permet un bourgeonnement, la membrane de la levure basse aurait perdu son élasticité et serait brisée par les granules qui acquièrent peu à peu plus de volume.

Telles sont les explications qu'on a cherché à donner autrefois de la différence qu'on observe entre la levure haute et la levure basse, explications qui semblaient donner raison de la différence d'action qu'on remarque entre elles dans la pratique.

Mais on peut démontrer aujourd'hui, qu'entre ces deux levures il n'y a aucune différence typique particulière. Indépendamment de ce que la composition chimique élémentaire des deux levures est la même, comme on le verra par la suite, ce qui, du reste, ne suffirait pas à résoudre la question, on est parvenu par des moyens connus à transformer la levure haute en levure basse et réciproquement.

Il est certain que la différence qu'on observe entre la fermentation basse et la fermentation haute, repose en grande partie sur la différence d'intensité dans le dégagement de l'acide carbonique, dégagement qui, comme on sait, dépend de la température du brassin. Quant à une différence dans le mode de propagation des deux espèces de levure, elle n'existe pas d'après M. Rees, et, suivant cet observateur, la levure basse, comme telle, ne se propage pas en se vidant de son contenu granuleux et par la formation de nouvelles cellules de levure des spores qui en résultent, mais de même que la levure haute, par la voie connue du bourgeonnement.

L'observation d'une forme particulière de développement de la levure basse faite par plusieurs savants, entre autres par Mitscherlich, Wagner, etc., est attribuée par M. Rees à la formation qu'il a découverte et décrite des ascospores, et voici comment **M.** Rees caractérise la fermentation basse et la fermentation haute.

« La fermentation qu'on appelle basse est caractérisée aux températures entre 4° et 10° C. par la formation de cellules un peu globuleuses qui se multiplient lentement, et où en général une cellule-mère donnée ne produit pas un second bourgeon avant que la cellule-sœur complétement développée ne se détache de cette cellule-mère pour se comporter de la même manière. Il en résulte que la levure basse ne présente la plupart du temps que des cellules isolées et des groupes géminés de cellules-mères et de cellules-sœurs. La levure vieille ainsi que celle récemment formée se dépose au fond dans le liquide en fermentation.

« La fermentation haute typique qui se développe aux températures entre 12° et 24° C. est la fonction d'une levure de bière se multipliant rapidement, et composée de cellules oblongues, ovales ou pyriformes émettant abondamment et de tous côtés des bourgeons, et avec association continue des générations distinctes de bourgeons pour former des groupes articulés, rameux en forme de roses, où les cellules, tant celles vieilles que celles nouvellement produites, sont, par un développement abondant de gaz, remontées dans le liquide, suspendues dans l'écume et finalement rejetées au dehors.

« Les formes de la fermentation et de la levure passent de l'une à l'autre suivant les températures moyennes correspondantes, la fermentation basse passant plus rapidement en fermentation haute que la transformation contraire. »

On sait que la fermentation basse donne des produits bien plus durables et surtout moins disposés
à passer à l'acide. On n'a jusqu'à présent présenté
aucune explication propre et complétement satisfaisante de ce fait et de celui qu'on peut transformer la
fermentation basse en fermentation haute plus rapidement que celle contraire.

On a cherché, il est vrai, à expliquer entre autres le
premier de ces faits, en disant que dans la fermentation haute, la levure étant soulevée par le
courant très-vif et actif de l'acide carbonique, s'ac-
cumule à la surface, qu'elle se trouve ainsi plus ou
moins soustraite à la liqueur riche qui est en fermentation et par conséquent que le degré de la fermentation est moindre, tandis que dans le stade principal de la fermentation basse la levure tourbillonne
dans le liquide qui fermente par l'action du gaz acide
carbonique qui se dégage, de façon qu'elle reste dans
un contact bien plus prolongé avec le liquide et y
provoque un degré plus élevé de fermentation.

D'après les recherches de M. Rees, les choses se
passent tout autrement.

Indépendamment de la véritable levure de bière
ou du *saccharomyces cerevisiæ*, il y a encore d'autres
mucédinées, par exemple le *mucor mucedo*, etc., qui
peuvent provoquer la fermentation alcoolique et
d'autres encore, tels que l'*oïdium lactis*, qui déterminent la fermentation lactique, ou comme le *mi-
coderma vini* la fermentation acétique. Les conditions de l'existence pour le *saccharomyces* et les
autres mucédinées paraissent toutefois être un peu
différentes. Ces dernières semblent exiger pour leur
développement une température plus élevée que le

premier. Il en résulte que la levure générée à basse température est souillée par un nombre relativement bien moins considérable d'autres mucédinées que M. Rees appelle des impuretés, tandis qu'à une température couvenable plus élevée, il se développe, outre le *saccharomyces*, non-seulement d'autres mucédinées, mais de plus il s'établit une lutte quant à l'existence, comme l'admet M. Rees, où la mucédinée de la vraie levure de bière peut être repoussée ou supplantée par la formation des levures lactique et acétique, ce que doit affecter ainsi la conservation du produit de la fermentation. M. Rees caractérise donc la levure basse comme une race qui se développe peu à peu au sein de la fermentation spontanée dans le mélange des levures, toutefois avec le secours d'une température peu élevée.

D'après ce qu'on vient de dire, on expliquerait donc sans difficulté, pourquoi la transformation de la levure haute en levure basse serait moins facile que la transformation contraire.

Ajoutons encore aux détails qui ont été donnés ci-dessus, quelques faits relatifs à la multiplication de la levure.

On doit à M. Hallier la connaissance d'un autre mode de génération de la levure que ceux précédents que nous avons supposé avoir lieu au sein d'un liquide sucré ou d'un moût.

Si on place de la levure sur une substance végétale concentrée, susceptible de servir d'aliment à cette mucédinée, par exemple de la pulpe de cerises ou de citron ou de la chair de pomme de terre coupée, on voit dans cette situation les cellules de levure éclater et se développer en nouvelles cellules, ou bien affecter la forme de ces chapelets auxquels on a appliqué le nom de *leptothrix* dont le rôle n'a pas encore été complétement défini.

Suivant M. Pasteur, la levure toute formée bourgeonne et se développe dans un liquide sucré et albumineux en l'absence complète de l'oxygène de l'air. Il se forme peu de levure dans ce cas, et il disparaît comparativement une forte proportion du sucre, 60 à 80 parties pour une levure formée, et dans ces conditions la fermentation est très-lente. Au contact de l'air et sur une plus grande surface, la fermentation est rapide, et pour la même quantité de levure disparue il se forme beaucoup plus de levure. L'air en contact cède son oxygène qui est absorbé par la levure. Celle-ci se développe énergiquement, mais son caractère de ferment tend, dans l'opinion de M. Pasteur, à disparaître, et pour une partie de levure formée, ce savant a, dit-il, constaté qu'il n'y a que 4 à 10 parties de sucre transformé. Il paraîtrait donc, dans son opinion, que la levure serait un ferment agissant à l'abri de l'air, empruntant de l'oxygène au sucre, et que ce serait là l'origine de son caractère comme ferment. Nous nous proposons de revenir sur ce sujet lorsque nous traiterons de la fermentation.

M. Pasteur a mentionné aussi une expérience curieuse sur la propagation de la levure et qui démontre jusqu'à l'évidence que l'azote et les matières organiques seuls ne suffisent pas pour reproduire la cellule organisée et qu'il faut y ajouter le concours des phosphates. L'expérience a été faite sur de la levure de bière.

On prend de l'eau distillée et on y fait fondre une certaine quantité de sucre aussi pur qu'il est possible.

Levure.   7

On jette dans cette eau une cellule de levure, et on voit aussitôt ce globule s'agiter, poursuivre activement son évolution et disparaître enfin après avoir décomposé un peu de sucre et avoir donné naissance à une certaine proportion d'alcool.

Maintenant, supposons qu'à l'eau sucrée on ajoute un sel ammoniacal, par exemple, du tartrate d'ammoniaque, le phénomène se présente de la même manière et suit la même marche, mais si on a la précaution de mettre au fond de la liqueur une certaine quantité d'un phosphate insoluble, on voit aussitôt se produire un phénomène intéressant. La cellule donne naissance à d'autres cellules semblables à elle, et à mesure qu'il y a production de nouvelles cellules, le phosphore se dissout.

L'âge, la nature ou la qualité de la levure, l'espèce ou la composition du moût et surtout la température exercent une influence décisive sur la promptitude avec laquelle la levure se reproduit. Les vieilles cellules de la levure basse des tonneaux à bière, par exemple, exigent pour leur évolution plus de temps que les cellules récentes de la levure haute qui, dans les circonstances favorables, bourgeonnent au bout d'une heure ou d'une heure et demie au plus. On voit, même lorsque la température est assez élevée, le bourgeonnement marcher avec activité en 20 ou 30 minutes.

ARTICLE IV. — ACTION DE LA TEMPÉRATURE, DE L'EAU, DE L'AIR ET DES RÉACTIFS SUR LA LEVURE.

Nous nous proposons, dans cet article, d'examiner quelle peut être l'influence que la chaleur, l'air, l'eau et un assez grand nombre de réactifs peuvent exercer sur la propagation de la levure ou modifier ses propriétés et ses fonctions vitales.

§ 1.   ACTION DE LA TEMPÉRATURE.

Nous savons déjà que la température agit d'une manière remarquable sur la multiplication de la levure et sur les phénomènes qui en sont la conséquence.

Aux températures entre 4° et 10°, la levure ne détermine qu'une fermentation basse qui marche lentement et elle ne se reproduit qu'avec peu d'abondance et en levure basse.

Au contraire, à celles entre 20° et 24°, elle donne lieu à une fermentation vive, rapide et même tumultueuse et elle se reproduit avec énergie en levure haute.

Voyons s'il ne se présente pas d'autres phénomènes dignes d'intérêt, quand on élève ou abaisse la température de la levure et des moûts au-delà des limites que nous avons assignées à la fermentation haute et à celle basse.

Si on soumet la levure à une élévation de température, on observe des phénomènes particuliers qu'il est intéressant de connaître.

Quand un moût est en pleine fermentation, c'est-à-dire dans la période où la levure se multiplie énergiquement, si on vient à porter la température de 60 à 75° C., la fermentation s'arrête ou plutôt les cellules de la levure cessent de bourgeonner. Toutefois, quelques jours après, la liqueur recommence à fermenter, mais avec moins d'énergie, indice que quelques cellules ont été affectées et rendues inertes par la chaleur.

On remarque, en effet, que dans les cellules qui ont subi l'action désorganisatrice de la chaleur, leur protoplasma, substance essentiellement albumineuse, présente l'aspect d'une matière coagulée qui cependant ne paraît pas avoir perdu toute vitalité, puisque celleci peut reparaître de nouveau, mais le mode de végétation de la levure semble être modifié et à la place de bourgeons elliptiques ou globuleux normaux, on voit apparaître des appendices basilaires d'assez fortes dimensions. Si on porte la température à un degré plus élevé, la levure perd la facilité de se multiplier et de provoquer la fermentation, quoiqu'elle conserve encore un reste de vitalité, puisqu'elle peut produire une pellicule. Enfin, si on chauffe la levure jusqu'à 84 ou 85° C., sa vitalité est complétement éteinte.

Si, au lieu de chauffer la levure dans un milieu liquide, on la chauffe à l'état sec, par exemple, sur un papier bien sec qu'on place dans un bain d'air; cette levure résiste à une température bien plus élevée que précédemment. Tant que cette température ne sera pas égale ou supérieure à 85°, la levure pourra encore provoquer la fermentation, quoiqu'avec lenteur et une certaine difficulté et avec peu d'intensité; mais à 215° elle perd à peu près entièrement cette propriété, et néanmoins on affirme qu'après avoir subi l'action d'une si haute température, la cellule a encore la propriété de produire une pellicule.

On voit donc que la levure résiste bien mieux à un chauffage à sec qu'à une élévation de la température d'un liquide sur lequel elle flotte ou bien où elle est immergée, et qu'il y a dans ce cas une différence de près de 130° C.

Un habile physicien, M. Melsens, a entrepris des

expériences sur la vitalité de la levure quand on l'expose à des températures très-basses, ou à des pressions considérables; nous résumons ainsi qu'il suit les résultats de ses belles expériences.

1° La fermentation est encore possible au sein de la glace fondante, température à laquelle les graines ne germent plus.

2° La levure résiste à la congélation de l'eau et à l'effort de dilatation qui brise des vases capables de supporter une pression de plus de 8000 atmosphères.

3° L'énergie du ferment est diminuée, mais sa vie n'est pas détruite par les froids les plus intenses qu'on puisse produire (environ 100° C. au-dessous de zéro).

4° La fermentation alcoolique paraît favorisée ou activée jusqu'à 37° à 40°, mais elle est au moins suspendue lorsque la température est maintenue pendant quelque temps à 45° C.

5° La fermentation alcoolique est arrêtée lorsqu'on opère en vases clos, quand l'acide carbonique produit exerce une pression d'environ 25 atmosphères, et dans ce cas la levure est tuée.

Avant M. Melsens, Cagniard-Latour avait exposé la levure au froid de l'acide carbonique solide, c'est-à-dire à l'action d'une température de — 40° C., et qui, suivant M. Maumené, a pu descendre à — 90° et même — 100° C. sans que la levure paraisse avoir perdu de ses propriétés comme ferment.

« J'ai souvent, dit M. Lintner, entendu parler dans ces dernières années de troubles amenés dans les moûts par la levure, troubles qui, d'après mes recherches, seraient dus à la présence d'une petite levure

(*Saccharomyces exiguus*, Rees). D'après mes expériences, ce n'est pas une levure *sui generis*, mais une levure maigre ordinaire qui se produit :

« 1° Lorsque la fermentation est trop froide et trop longue.

« 2° Lorsque le moût en fermentation est exposé à de fortes variations de température.

« 3° Lorsque le levure ne trouve pas assez de matière alimentaire dans le moût.

« Cette levure se produit aussi facilement avec l'emploi de morceaux de glace. M. Lintner a trouvé qu'on peut régénérer cette levure par une addition de matière utile à son alimentation et la ramener à l'état de levure ordinaire, opération pratiquée peu généralement, quoiqu'elle fût préférable au changement de levure.

« Suivant quelques praticiens, la levure maigre provient de fermentations incomplètes où les cellules de levure n'ont pu se développer faute d'aliments, mais ces fermentations peuvent aussi se produire lorsqu'on emploie du malt dissous imparfaitement ou du malt qu'on désignait autrefois sous le nom de malt glutineux. Ainsi, quand on se sert de ce malt où la plumule n'est pas suffisamment développée, ou si la dessiccation du malt n'a pas été satisfaisante, on obtient un moût qui en travail ordinaire produit la maladie de la levure que M. Habich a désignée par l'expression de *phthisie de la levure*.

« La végétation normale de la cellule de levure dépend non-seulement de la température du moût et de l'abondance des matières alimentaires, mais aussi de la nature de ce moût, c'est-à-dire suivant qu'il a été fabriqué avec un malt pâle ou brun. Les seconds ont besoin d'être mis en fermentation par une plus forte proportion de levure et à une température plus élevée que les premiers. »

§ 2. ACTION DE L'EAU.

Quand on plonge la levure dans l'eau pure et qu'on l'y laisse séjourner longtemps, les vacuoles qu'on remarque dans la cellule absorbent cette eau par voie d'endosmose ou loi de diffusion, augmentent énormément de volume au point d'atteindre parfois la paroi de cette cellule qui se gonfle alors considérablement. Cette eau délaie la partie albumineuse soluble, boursouffle les granules du plasma, et on constate dans la pratique qu'une levure ainsi traitée a perdu ses principales propriétés et en particulier celle de décomposer le sucre.

Nous verrons par la suite qu'en faisant l'analyse de la substance albumineuse de la levure, quelques chimistes ont reconnu qu'elle contenait de l'azote et pouvait intervertir le sucre de canne même en dehors de la présence de la levure, c'est-à-dire le convertir en glucose qui, par la fermentation, se transforme principalement en alcool et acide carbonique; ils ont comparé d'abord son principe azoté à un ferment exerçant une action analogue à celle de la diastase sur la matière amylacée en lui appliquant le nom de *ferment glucosique*. D'autres ont pensé que le principe azoté pouvait bien être le même que la *zymase* ou fibrine végétale, ferment soluble qui intervertit aussi le sucre de canne et donne lieu également au phénomène de la fermentation alcoolique. Il en résulterait que ce serait en définitive cette zymase de la levure qui, en se dissolvant dans le moût, serait l'agent virtuel et actif de cette fermentation alcoolique.

Quoi qu'il en soit, en s'appuyant sur ces observations, M. A. Béchamp a cherché à déterminer jusqu'à quel point une levure de bière qu'on épuise par l'eau peut encore conserver de la vitalité et en présenter des signes non équivoques en engendrant ce produit auquel il donne le nom de *zymase*, ou, ce qui se constate d'une manière plus éclatante, en transformant le sucre de canne en glucose et en déterminant la fermentation alcoolique.

Faisons remarquer que la levure de bière qu'on contraint à vivre dans l'eau distillée commence par dévorer ses propres tissus, c'est-à-dire consomme l'acide phosphorique qui entre dans sa composition. Si donc on dose cet acide phosphorique à différentes époques du séjour de la levure dans cette eau distillée, on aura en quelque sorte la mesure de son degré d'épuisement.

En analysant en premier lieu la levure bien sèche au moyen de huit lavages répétés et successifs, M. Béchamp a d'abord remarqué que 100 grammes de cette levure renfermaient 3 gr. 88 d'acide phosphorique ; or, ce nombre est supérieur aux trois quarts de l'acide phosphorique qu'on recueille par l'incinération de la levure. Il est donc évident que ces huit lavages ont été bien loin d'épuiser la vitalité de la levure qui a fourni en même temps quelques autres produits.

Si on observe cette levure au microscope, elle apparaît comme si elle était réduite à sa membrane ou enveloppe ; elle est très-difficilement visible et si pâle qu'on la prendrait pour des globules de mucus affaissés sur eux-mêmes, sans contours définis et comme framboisés, et ce n'est qu'à l'aide des granules intérieurs qu'on parvient à en saisir à l'œil l'existence et la forme.

Dans cet état d'épuisement, on pourrait croire que la levure est morte; mais il n'en est rien, elle peut encore former de la zymase, transformer le sucre de canne en glucose et faire fermenter celui-ci, seulement les produits de cette fermentation alcoolique paraissent être différents de nature et de qualité de ceux qu'on obtient de la levure normale.

Dès que l'eau tient en dissolution les matériaux qui peuvent servir à l'alimentation de la levure, celle-ci végète avec activité et se développe normalement.

Les cellules de levure qui ont fermenté sans qu'il y eût présence de sucre, se présentent presque exactement, suivant les observations microscopiques de Nägeli, avec la forme et le volume des cellules de levure ordinaire. Mais elles se distinguent de ces dernières : 1° en ce qu'elles ne sont plus capables de bourgeonner; 2° par la mollesse et l'épaisseur de leur membrane cellulaire; 3° par le contenu plasmatique grenu et amoindri.

La plupart des observateurs paraissent d'accord sur ce point que l'affaiblissement des propriétés fermentescibles de la levure, quand on la traite par l'eau, serait dû exclusivement à l'élimination déterminée par ce liquide des principes azotés de sa substance. Les observations de Liebig ont montré que ce n'est pas là la cause unique de cet affaiblissement, et les recherches récentes de M. Wiesner nous ont appris à connaître quelle est l'influence d'une absorption et d'une soustraction de l'eau sur l'activité visible de la levure. Voici le résumé de ces recherches :

La levure fraîche produite dans le mélange Pasteur (sucre candi, tartrate d'ammoniaque et résidus minéraux de l'incinération de la levure), observée dans la liqueur encore en état de fermentation, présente, suivant M. Wiesner, l'aspect que voici : Les cellules sont globuleuses ou elliptiques, rarement ovales. Celles qui ne sont pas encore adultes, paraissent hyalines et partout finement granuleuses. Dans celles qui se rapprochent de l'état adulte, on distingue nettement le plasma hyalin ou paraissant formé de granules fins, et au dedans une, deux, rarement trois vacuoles. Ces cellules, quand on les extrait du liquide en fermentation et qu'on les plonge dans l'eau distillée, se gonflent avec un grossissement et même très-notable des vacuoles.

Introduites dans une solution de sucre à 20 pour 100, on aperçoit de suite une contraction, et si on concentre lentement la solution, on voit disparaître complétement les vacuoles.

On produit cette même disparition successive des vacuoles par une dessiccation lente, mais persistante à 15° à 20° C.; il en résulte qu'une pénétration successive de l'eau augmente le volume des vacuoles, et qu'une soustraction successive de ce liquide diminue leur volume ou les fait disparaître.

Une soustraction vive de l'eau, comme quand on fait sécher la levure sur un exsiccateur, par évacuation du liquide, ou une dessiccation à une température élevée font presque entièrement disparaître les vacuoles; leur liquide en gouttelettes nombreuses, ondes et rougeâtres, paraît se distribuer dans le plasma, et en outre un certain nombre de cellules sont déchirées.

M. Wiesner appelle ces cellules possédant un, deux et rarement trois vacuoles nettement circonscrites, cellules normalement vacuolées, et celles où le liquide des vacuoles est distribué en un grand nombre de petites gouttelettes rougeâtres dans tout le plasma, cellules anormalement vacuolées. La vacuolisation anormale ne provient toujours que de celle normale.

M. Wiesner distingue ensuite trois cellules de levure différentes morphologiquement par leur âge.

I. Cellules jeunes ou non encore développées : elles sont plus petites, ont un plasma hyalin, ou du moins à granules fins, et ne présentent pas en général de vacuoles. La cellule est ou nue, ou bien revêtue d'une membrane fine et légèrement contractile.

II. Cellules jeunes adultes : elles sont plus grosses que les premières, portant presque toujours des vacuoles, et possédant constamment une paroi cellulaire délicate et aisément contractile.

III. Cellules vieilles : elles possèdent un plasma à gros granules, ou bien sont remplies entièrement du liquide des vacuoles dans lequel apparaissent suspendus de plus gros granules, quelquefois aussi des corpuscules baccillaires. Les membranes sont plus épaisses et du reste difficilement contractiles.

Quand on fait agir des liquides avides d'humidité, tels que l'acide sulfurique et l'acide chromique étendus, l'alcool, une solution concentrée de sucre et une solution de chlorure de calcium, M. Wiesner a observé une disparition complète du liquide des vacuoles et une forte contraction du plasma, qui, la plupart du temps, se pelotonne en grumeaux amorphes, surtout chez les vieilles cellules, en se déposant sur la membrane celluleuse.

Dans un grand nombre d'expériences de fermentation avec les cellules de levure obtenues de cette manière, M. Wiesner est parvenu aux résultats et aux conclusions que voici :

1° Les cellules de levure anormalement vacuolées ne déterminent plus la fermentation. Ces vacuoles anormales peuvent être la conséquence d'un apport rapide d'eau, par suite duquel le liquide des vacuoles est refoulé dans le plasma, et y pénètre sous la forme de gouttelettes nombreuses ; ou bien encore elles peuvent être le résultat d'une soustraction rapide de l'eau chez toutes les cellules qui, déjà, portent des vacuoles, c'est-à-dire les cellules qui sont presque complétement développées. Ces cellules sont également incapables de fermenter et de se développer.

Les cellules qui ne présentent pas de vacuoles, et par conséquent encore jeunes et non développées, ne perdent pas par ce traitement leur faculté de développement. C'est là, certainement, la cause pour laquelle, d'après les expériences de M. Wiesner, la levure sèche, chauffée même des heures entières à 100°, n'est pas complétement morte.

Celles portant déjà des vacuoles, et par conséquent adultes, sont ruinées par l'intervention du phénomène qui les rend anormalement vacuolées, tandis que les jeunes cellules qui ne sont pas encore devenues vacuolées, conservent leur faculté de développement, et quand elles proviennent de levure desséchée à 100° et qu'on les introduit dans un liquide fermentescible, sont des excitateurs exclusifs de la fermentation.

2° Les cellules chez lesquelles l'emploi d'un liquide avide d'eau a produit une forte contraction du plasma, ainsi qu'un détachement de celui-ci de la membrane celluleuse, ne peuvent plus de même provoquer la fermentation.

Ces faits expliquent aisément pourquoi les brassins et les moûts très-riches en sucre, et respectivement en extrait déjà devenus très-alcooliques par la fermentation, ne peuvent plus que difficilement être mis de nouveau en fermentation.

M. Wiesner a entrepris aussi des expériences directes sur l'influence de la concentration des solutions sucrées sur l'intensité de la fermentation qu'on peut y provoquer. En voici le résultat :

Dans les solutions de sucre complétement saturées, on ne remarque point de fermentation. La levure qu'on y a introduite est devenue d'un côté entièrement incapable d'y développer la fermentation, tant par la contraction du plasma que parce qu'elle est anormalement vacuolée. Il n'y a eu que les cellules non adultes et n'étant pas encore vacuolées, qui aient conservé leur capacité fermentescible et aient provoqué, après avoir convenablement étendu la solution, la fermentation de celle-ci.

Il résulte de ces expériences que la fermentation la plus complète a lieu dans les solutions d'environ 2 à 4 et 20 à 25 pour 100 de sucre, et que la quantité des produits distincts formés par la fermentation, est influencée peut-être par la proportion d'eau que renferme la cellule de levure, puisque avec les solutions sucrées de 2 à 4 pour 100, il paraît se former relativement plus de glycérine et d'acide succinique, circonstance dont la confirmation expérimentale et directe serait importante pour la chimie de la fermentation.

Levure. 8

Enfin, il résulte des travaux de M. Wiesner :

1° Que la cellule de levure où la proportion d'eau est, par une dessiccation prolongée, réduite à 13 pour 100, peut rester vivante pendant des mois, et qu'introduite dans des solutions de sucre, elle y provoque encore une fermentation intense.

2° Qu'une proportion d'eau dans la cellule de levure qui se trouve dans une activité non assimilable, doit s'élever à plus de 13 pour 100, et que la levure ne remplit surtout et complétement ses fonctions que lorsqu'elle renferme de 40 à 80 pour 100 d'eau.

M. Pasteur a fait remarquer que la levure seule délayée dans l'eau donne lieu à une véritable fermentation alcoolique accompagnée de dégagement d'acide carbonique pur et de production d'alcool dont la dose augmente progressivement. La levure très-active délayée dans l'eau porte donc son activité sur ses propres tissus.

Plus tard, M. Béchamp, en étudiant les produits qui se forment pendant que la levure est abandonnée à elle-même en présence de l'eau, a constaté, comme on l'a vu, le départ progressif de quantités croissantes de phosphates sous l'influence de lavages répétés, séparés par des digestions à 35° C., mais en outre de l'acide phosphorique, l'eau a éliminé de la leucine, de la tyrosine, une gomme dextrogyre, une matière albuminoïde spéciale et des substances sirupeuses.

M. P. Schutzenberger a repris récemment cette question, et après avoir observé les faits signalés plus haut pendant l'altération spontanée de la levure, savoir : production d'alcool, d'acide carbonique, de leucine, de tyrosine, de phosphates solubles et de gomme, il a en outre constaté les produits solubles cédés par la levure digérée à jeun (à l'abri du sucre et de l'oxygène), plusieurs bases azotées que l'on retrouve dans les tissus de l'organisme animal, telles que la carnine, trouvée il y a quelques années dans l'extrait de viande, la sarcine ou hypoxanthine, la xanthine et la guanine ; il reste après l'élimination de ces divers produits, un sirop incristallisable qui semble contenir du sucre de gélatine. D'après les expériences du chimiste que nous venons de citer, 100 grammes de levure fraîche contenant 30 grammes de matière solide, laissent après un lavage complet à l'eau froide un résidu insoluble pesant sec 21 à 22 grammes ; après digestion à jeun avec de l'eau à 37° C. suivi d'un lavage à l'eau bouillante, le résidu insoluble desséché ne pèse plus que 12,5 à 13 grammes. La transformation spontanée de la levure transforme donc 10 grammes de matériaux insolubles en matériaux solubles. La levure primitive contenait 9,2 pour 100 d'azote ; après le lavage à l'eau froide, le résidu contenait 10,5 pour 100 d'azote ; enfin, le résidu de la levure, épuisé par la digestion, en renferme 7 pour 100. On peut calculer d'après cela que la majeure partie, mais non la totalité des principes devenus solubles dérive de l'altération des matières albuminoïdes du ferment ; le principe gommeux doit provenir au contraire de la transformation isomérique d'une substance hydrocarbonée neutre, cellulose ou autre. Il est très-présumable que la levure à jeun provoque le dédoublement de ses matières protéiques et les convertit, d'une part, en sucre qui fermente, d'autre part, en leucine, tyrosine, sarcine, carnine, xanthine, guanine, etc. Le soufre de ces matières albuminoïdes transformées se retrouve uni d'une manière stable à la leucine, en même temps les phosphates alcalins terreux dégagés de leurs combinaisons

intimes avec les substances protéiques, deviennent
solubles et passent dans les lavages. Cette interprétation s'accorde avec ce que l'on sait sur la conservation des matières albuminoïdes et leur mode de dédoublement dans diverses circonstances.

Ces réactions intérieures, conséquence de la vitalité
même de la levure, doivent se produire également
pendant la fermentation alcoolique.

§ 3. ACTION DES RÉACTIFS.

Certaines substances ou plutôt certains réactifs mis
en présence de la levure, en modifient souvent profondément l'action. Nous allons passer sommairement
en revue quelques-unes de ces réactions.

Le *ferment acétique* ou à proprement parler le
vinaigre fait promptement putréfier la levure en laissant une torulacée que M. Bomordon a appelée *cha-
lara mycoderma* qui végète sur la levure en putréfaction, mais ne se transforme pas en levure.

L'acide lactique, qu'on ajoute à un moût houblonné
et mis en levure, modère ou suspend entièrement la
fermentation, et nous verrons en traitant de la fabrication que c'est au moyen du développement de cet
acide qu'on tempère la formation trop vive de la levure et qu'on l'amène au degré convenable de développement et de rendement.

L'acide carbonique gazeux favorise la propagation
de la levure en la portant à la surface du moût où
elle peut s'emparer de l'oxygène nécessaire à son développement, mais autrement son contact, quand il
est dissous dans ce moût et que la température est
abaissée paraît nuisible à sa propagation.

L'acide sulfureux, les *vapeurs de chloroforme,* la

créosote, et peut-être bien d'autres réactifs encore, peuvent produire chez la levure ou une asphyxie passagère, ou un retard dans son développement et sa multiplication, et par conséquent dans la fermentation et même déterminer la mort.

L'*acide sulfurique* qui détruit en général presque toutes les substances organiques, frappe la cellule de mort et annule par conséquent son action.

La *chaux vive*, quand elle est en quantité considérable, est très-préjudiciable à la levure ; en proportion moins forte ou à l'état de carbonate, son action est moins vive et moins dangereuse.

Les *carbonates alcalins* en proportion modérée lui sont favorables comme stimulants de sa végétation.

Les *alcalis caustiques* qui désorganisent les matières végétales, ont une action délétère à moins qu'ils ne soient bien peu abondants.

Le *tartrate d'ammoniaque*, au contraire, joue, suivant M. Pasteur, le rôle d'engrais azoté dans la reproduction du ferment.

Les *phosphates*, surtout celui de potasse, paraissent indispensables à sa reproduction et jouent alors le rôle de stimulants.

Le *chlorure de chaux* et l'*acide azoteux* nuisent à la levure par l'énergie particulière de leur action.

Le *sublimé corrosif*, à la dose de 1/4000 pour 100, détruit toute fermentation dans les solutions de glucose.

Les *alcaloïdes* de la famille de la strychnine n'altèrent pas la propriété fermentescible de la levure.

L'*arséniate de potasse* en proportion même très-faible, s'oppose à la fermentation, mais tous les chimistes ne partagent pas cette opinion.

La *résine de houblon* est, physiologiquement parlant, nuisible à la levure, soit qu'elle enveloppe la cellule d'une sorte de vernis qui produit l'asphyxie, soit que son principe amer s'oppose à ce qu'elle développe librement sa vie végétative et son action fermentescible.

Le *sucre*, au contraire, comme tout le monde sait, est la matière alimentaire qui stimule la vie et favorise le mode d'action de la levure. Ses dissolutions sont le champ principal où on peut l'ensemencer et la multiplier.

Il existe probablement beaucoup d'autres substances simples ou composées qui doivent exercer une influence plus ou moins marquée sur la multiplication de la levure et ses effets physiques, mais jusqu'à présent leur action n'a pas été étudiée.

Indépendamment des réactifs dont il vient d'être question, il y a un grand nombre d'autres substances qui exercent une influence sur la levure, ou pour mieux dire sur la fermentation. Nous allons faire connaître ici quelques travaux à ce sujet.

On trouve dans le tome IX, page 450 du *Journal de Physique*, des expériences de Julia-Fontenelle, sur quelques substances, la plupart d'origine végétale, qui semblent retarder plus ou moins la multiplication de la levure.

Julia-Fontenelle a pris 30 flacons, dans chacun desquels il a introduit 5 litres de moût de vin, puis il y a ajouté les substances suivantes entières ou broyées.

Matière ajoutée aux 5 litres.	Temps écoulé avant la fermentation.
Rien (pas de bouchon). . . .	1 jour.
Rien (bouchon ficelé).	4
16 gram. poivre.	1.5
16 — tabac.	2
1 — sulfate de quinine. . .	2

	Matière ajoutée aux 5 litres.	Temps écoulé avant la fermentation.
4 gram.	huile de girofle. . . .	2 jours.
4	— menthe poivrée. . . .	2
4	— anis.	2
4	— bergamotte.	2
4	— citron.	2
4	— lavande.	2
4	— romarin.	2
4	— térébenthine.	2
192	— raves pilées.	2.5
16	— charbon végétal. . . .	4.5
4	— camphre (dans 16 onces alcool).	6.5
16	— soufre.	7
128	— feuilles de raves pilées.	11.5
16	— moutarde pulvérisée. .	11.5
192	— poireaux pilés.	13.5
128	— échalottes.	19.5
32	— essence de térébenthine soufrée.	22.2
16	— cannelle en poudre. . .	25.5
160	— ognons pilés.	32.5
96	— ail pilé.	41.5
28	— moutarde pulvérisée. .	140 jours au moins,
30	— — — .	ou plutôt pas de
32	— — — .	fermentation.

On doit aussi à M. Quevenne des expériences à ce sujet, dont il a consigné les résultats dans le tome XXVI du *Journal de Pharmacie*, p. 431. M. Quevenne s'est surtout appliqué à constater les effets de certains réactifs chimiques sur la fermentation, et il a pris pour ses expériences le moût que voici :

Eau.	60 gram.
Sucre..	20
Levure.	1

Voici le tableau qu'il a dressé de ses expériences :

QUANTITÉ DU RÉACTIF à l'état		DÉSIGNATION des réactifs.	EFFET PRODUIT.	OBSERVATIONS.
solide.	liquide.			
»	6 gouttes	Essence de térében-thine.	Arrête complétement la fer-mentation.	
»	6	Créosote.	Id. Id.	
»	6	Acide sulfurique.	Id. Id.	Rien au bout de 3 jours.
»	6	Acide azotique.	Id. Id.	Id. Id.
»	6	Acide chlorhydrique.. .	Id. Id.	Id. Id.
»	6	Acide phosphorique.. .	La fermentation est lente, et cesse en 48 heures.	
gram.	10 à 20	Id.	La fermentation est lente, et cesse en 24 heures.	
0.300	»	Acide arsénieux. . . .	Ralentit, mais n'arrête pas.	
»	5 à 10	Acide acétique.	Activité.	
»	20 à 48	Id.	Aucun signe de fermentation.	(10° Mollerat).
«	20 à 48	Acide lactique.	Mêmes effets que l'acide acé-tique.	Id.
0.300	»	Acide tartrique.. . . .	Contrarie, mais n'empêche pas.	

0.300	»	Acide citrique.	Id.	Id.
0.300	»	Acide tannique.	Peu d'action.	
0.300	»	Acide oxalique.	Arrête complétement.	
0.400	»	Acide cyanhydrique. .	Id. Id.	(médicinal).
0.300	»	Potasse.	Arrête, mais la liqueur devient acide, et la fermentation reprend.	On peut rétablir la fermentation en ajoutant un acide.
0.300	»	Litharge.	Ne produit rien.	
0.300	»	Oxyde de mercure. . .	Arrête complétement.	
0.300	»	Sulfate de potasse. . .	Plutôt favorable qui nuisible.	Moyen longtemps employé en Bourgogne.
0.300	»	Alun..	Ralentit sans empêcher.	
0.300	»	Carbonate de soude. .	Id. Id.	
0.300	»	Acétate de potasse. . .	Plutôt favorable.	
0.300	»	Acétate de plomb. . .	Ralentit sans empêcher.	
0.300	»	Acétate de cuivre. . .	Arrête absolument.	
0.300	»	Sublimé corrosif. . . .	Id.	
0.300	»	Calomel.	Ne produit rien.	Contrairement à l'assertion de Laubett.

Ce sujet a aussi tenté plus récemment d'autres expérimentateurs, ainsi que nous allons l'exposer.

MM. John Douglas, de Glascow, et Crace Calvert, de Manchester, ont entrepris, il y a peu de temps, de nombreuses expériences pour s'assurer de l'action que peuvent exercer certains réactifs réputés antiseptiques, pour retarder ou annuler le développement des animalcules microscopiques ou des cryptogames. Nous présenterons ici la partie du tableau des expériences de ce genre qui intéressent plus spécialement le sujet que nous traitons dans ce Manuel.

Dans les expériences de M. Douglas, 6gr.195 d'eau distillée contenant 1/500 des substances indiquées, ont été traités par 0gr.885 de jus de viande de bœuf filtré, ou bien par 0gr.885 d'une solution consistant en 1 partie de blanc d'œuf pour 4 parties d'eau.

Dans celles de M. Crace Calvert, 0gr.026 de la substance ont été ajoutés à 26 grammes (1 sur 1000) d'une solution d'albumine, contenant 1 partie de blanc d'œuf et 4 parties d'eau distillée bien pure.

Les animalcules qui se sont développés ont été des monades (microphymes), des vibrions et leurs segments cellulaires (microerphymes), des bacteries (microzymes), des amibes, etc.

Parmi les cryptogames, on a reconnu les genres suivants : *Torula*, *Mycelium*, *Penicillium*, etc., qui, dans le tableau, sont indiqués par les lettres T et P.

La putréfaction a toujours été caractérisée par une odeur putride, une réaction alcaline et la présence des animalcules, tandis que la moisissure et la fer-

nentation se sont distinguées par une odeur de moisi
)u de moût, une réaction acide et la présence des
ryptogames microscopiques.

On a indiqué par les lettres (ac), (al) et (n) que les
olutions étaient acides, alcalines ou neutres.

Toutes les substances employées, à l'exception des
icides carbolique et crésylique, du permanganate de
)otasse et du camphre, à des doses qui ont varié
pour chacune d'elles de 1/250ᵉ à 1/4000ᵉ, ont en six
jours suspendu le développement des animalcules microscopiques ou provoqué leur moût dans le jus de
viande pourri et dans l'albumine d'œuf quand on les
a ajoutées.

(Voir le Tableau, pages 96 et 97).

INDICATION des substances employées.	EXPÉRIENCES DE M. JOHN DOUGLAS. Nombre de jours avant que la vie ait apparu dans une solution contenant 1 de substance dans 500 d'eau, et 0 gr. 885 des matières suivantes.				EXPÉRIENCES DE M. GRACE CALVERT. Nombre de jours avant que les vibrions vivants aient apparu dans une solution d'albumine contenant 1 partie de substance pour 1000 part. de solution.			
	Jus de viande de bœuf.		Solution d'albumine d'œuf.		Animalcules.	Odeur putride.	Cryptogames.	Odeur de moisi.
	Animalcules.	Cryptogames.	Animalcules.	Cryptogames.				
Acide sulfureux (ac).	24	4.P	8	Plus de 100	11	Au-delà de 40	21	Au-delà de 40
Acide azotique (ac.).	18	4.P	15	5.T	10	50	10	23
Acide chlorhydrique (ac.)	28	4.P	9	Plus de 100	»	»	»	»
Acide sulfurique (ac.).	Plus de 100	Plus de 100	30	10.T	9	»	9	11
Acide chromique (ac.).	78	38.P	Plus de 100	Plus de 100	»	»	»	»
Acide carbolique (n.).	12	50.T	38	36.P	Au-delà de 40	Au-delà de 40	Au-delà de 40	Au-delà de 40
Acide crésylique (n.).	»	»	»	»	Id.	Id.	Id.	Id.
Acide acétique (ac.).	»	»	»	»	30	»	9	50
Acide picrique (ac).	44	11.P	Plus de 100	44.P	17	Au-delà de 40	19	Au-delà de 40
Acide benzoïque (ac.).	Plus de 100	Plus de 100	Id.	Plus de 100	»	»	»	»

ACIDES : minéraux, organiques.

ALCALIS.	Chaux (al.)	»	»	»	»	13	19	de 40	de 40
	Potasse (al.)	»	»	»	»	16	»	»	»
	Soude (al.)	»	»	»	»	23	31	18	29
	Ammoniaque (al.)	»	»	»	»	24	50	20	Au-delà de 40
HALOÏDES.	Teinture d'iode (n.) . . .	1	80.T	15	Plus de 100	»	»	»	»
	Chlore gazeux (ac.) . . .	»	»	»	»	7	21	21	»
	Chloride de chaux (al.) . .	27	27.T	40	Plus de 100	7	18	16	»
	Chloride de zinc (al.) . .	4	Plus de 100	18	Id.	Au-delà de 40	Au-delà de 40	50	Au-delà de 40
	Chloride d'alumin. (ac.) .	19	4.P	Plus de 100	8.P	10	Id.	21	50
SULFATES.	Bisulfite de chaux (ac.) .	4	92.T	9	Plus de 100	11	21	14	Au-delà de 40
	Sulfate de zinc (ac.) . . .	30	4.P	90	70.P	»	»	»	»
	Sulfate de fer (ac.)	14	5.T	35	40.T	7	Au-delà de 40	15	»
	Alun ordinaire (ac.) . . .	14	3.P.	38	15.T	»	»	»	»
	Sulfate de cuivre (ac.) . .	86	20.P	Plus de 100	Plus de 100	»	»	»	»
DIVERS.	Permanganate de potasse (n.)	»	»	»	»	9	50	22	Au-delà de 40
	Alcool (n.)	4	4.T	10	Plus de 100	»	»	»	»
	Camphre (n.)	»	»	»	»	»	»	»	»
	Térébenthine (n.)	»	»	»	»	14	Au-delà de 40	42	Au-delà de 40

ARTICLE V. — ANALYSE DE LA LEVURE.

Nous connaissons déjà la nature de la levure, nous savons quelle est son organisation et son mode de propagation; de plus, nous n'ignorons pas qu'elle renferme de l'azote et du phosphore. Maintenant nous allons nous occuper de son analyse chimique, c'est-à-dire que nous rechercherons d'abord quels sont les principes immédiats qu'elle renferme, puis ensuite nous nous occuperons des résultats qui ont été fournis par son analyse élémentaire.

Payen a fait, en 1839, l'analyse chimique de la levure, et y a trouvé les principes immédiats que voici :

Matière azotée (soluble et insoluble).	62.73
Cellulose.	29.37
Matières grasses.	2.10
Matière minérale.	5.80
	100.00

Cette analyse, déjà ancienne, n'a pas été contrôlée, mais il y a tout lieu de supposer que la levure était déjà vieille, et on sait que la composition de cette substance peut varier avec l'âge.

On doit au chimiste Thomson une analyse des principes immédiats de la levure de bière, qui a fourni les résultats que voici sur 1000 parties :

Eau..		950.348
Matière organique.		45.486
Matières minérales.	Phosphates alcalins.	1.440
	Phosphates de chaux et magnésie.	2.527
	Carbonate de chaux.	
	Acide silicique.	0.199
		1000.000

Passons maintenant à l'analyse élémentaire :

M. Dumas, dans son *Traité de chimie appliquée aux Arts*, a donné l'analyse élémentaire suivante de la levure.

Composition élémentaire.

	Expérience.
Carbone.	50.6
Hydrogène.	7.3
Azote.	15.0
Oxygène.	
Soufre.	27.1
Phosphore.	
	————
	100.0

Trois sortes de la belle levure haute, que l'on produit à Schiedam, analysées comme telles, ont présenté, dit M. Scheik, pour leur composition élémentaire :

Carbone.	50.9	50.3	50.0
Hydrogène.	7.2	7.0	7.0
Azote.	11.0	9 4	8.4
Oxygène et soufre. . .	30.9	33.3	34.6
	————	————	————
	100.0	100.0	100.0

Ce qui permet, en premier lieu, de constater qu'il peut exister une assez grande différence dans la composition élémentaire des levures d'origine différente.

D'autres chimistes ont obtenu des résultats qui diffèrent bien un peu entre eux sous le rapport de l'azote, mais qui se rapprochent davantage sous celui de l'hydrogène, par rapport au carbone et à l'azote, ainsi que le constate le tableau suivant :

	MARCET.	MITSCHER-LICH.	MULDER. Moyenne.	SCHLOSS-BERGER.	WAGNER.
Carbone. .	36.5	47.0	51.11	50.05	44.37
Hydrogène.	4.5	6.6	7.155	6.52	6.04
Azote. . .	7.6	10.0	11.08	11 84	9.20
Oxygène. .	»	»	30.66	32 50	»
Soufre. . .	»	0.6	»	»	»
	Les cendres sont-elles déduites ?	Cendres non déduites.	Cendres déduites.	Cendres déduites.	Cendres non déduites.

Afin de ne laisser aucune équivoque sur la composition de la levure, il était à propos d'analyser séparément les deux sortes de levures, et c'est ce que plusieurs chimistes ont entrepris. Voici le résumé de leurs travaux :

Schlossberger, Mitscherlich, Mulder, Dumas et Wagner ont fait l'analyse élémentaire de la levure épuisée soit par l'eau et l'alcool, soit par l'eau, l'alcool et l'éther, et séchée ensuite, et voici la composition qu'ils ont trouvée à la levure haute ou superficielle :

	SCHLOSS-BERGER.	MITSCHER-LICH.	MULDER.	DUMAS.	WAGNER.
Carbone. .	50.05	47.0	50.80	50.6	45.5
Hydrogène.	6.52	6.6	7.16	7.3	6.2
Azote. . .	11.84	10.0	11.08	15.0	9.4
Oxygène et soufre. .	31.59	36.4	30.98	27.1	38.9

Quant à la levure basse ou de fond, les résultats des analyses de Schlossberger et de Wagner ont conduit aux résultats suivants :

	SCHLOSSBERGER.	WAGNER.
Carbone.	47.93	52 5
Hydrogène.	6.25	7.2
Azote.	9.80	9.7
Oxygène et soufre. . . .	35.92	30.6

D'un autre côté, M. Stecker, en se basant sur les expériences de M. Schlossberger, a assigné aux deux sortes de levures la composition élémentaire suivante :

	Levure haute.	Levure basse.
Carbone.	49.4	47.6
Hydrogène..	6.7	6.3
Azote.	12.4	9.8
Oxygène et soufre. . .	31.5	36.3
	100.0	100.0

Mais, dit Mulder, on ne trouve pas, pour deux sortes de levure haute, la même composition, pas plus que pour deux sortes de levure basse.

On voit par ces analyses que la levure haute et la levure basse ne diffèrent pas sensiblement dans leur composition chimique, et que les différences de composition entre deux levures de même nom sont aussi grandes qu'entre deux levures de nom différent. Si on se rappelle que nous avons dit que la composition de la levure varie sensiblement avec l'âge et peut-être avec le mode de traitement et sa pureté relative, il est évident qu'un accord parfait serait dû au hasard et qu'on ne peut rien conclure des différences obtenues dans ces analyses.

D'après une analyse toute récente faite par M. Reichenbach dans le laboratoire de Liebig, la levure séchée à 100° renferme 34,56 pour 100 de carbone et 7,41 d'azote et de plus contiendrait du soufre. Mitscherlich y a trouvé 0,6 pour 100 de soufre, et M. Reichenbach 0,685 dans une première levure séchée, 0,568 dans une seconde et 0,387 dans une troisième.

Les travaux récents, surtout ceux de M. Pasteur, ont donné une haute importance à la connaissance et à la nature des substances minérales qui entrent dans la composition des cendres de la levure, et Mitscherlich est le premier qui ait donné une analyse de ces cendres. Suivant ce chimiste, la levure haute séchée laisse par sa combustion 7,56 pour 100 de cendres et la levure basse 7,51.

Voici maintenant la composition que Mitscherlich attribue aux cendres de ces deux sortes de levure.

	LEVURE HAUTE.	LEVURE BASSE.
Acide phosphorique. . .	41.8	39.5
Potasse.	39.8	28.3
Phosphate de magnésie.	16.8	22.6
— de chaux.	2.3	9.7
Silice.	Traces.	»

Mitscherlich ne dit pas qu'il ait rencontré de l'acide sulfurique dans les cendres de levure. Son analyse donnait en moyenne pour la composition de ces cendres et pour chacun des éléments :

Acide phosphorique. 56 7
Potasse. 34.0
Magnésie. 7.1
Chaux. 2.6

Ces analyses ne donnent pas encore une idée complète de la composition des cendres de la levure, et c'est pour préciser cette composition que M. Bull a entrepris celle des cendres de la levure de bière blanche dans lesquelles il a trouvé les matières minérales que voici :

Potasse. 35.2
Soude. 0.4
Chlorure de potassium. 0.2
Chaux. 4.2
Magnésie. 4.0
Oxyde de fer. 0.6
Acide phosphorique. 54.7
 — sulfurique. 0.1
                                  ————
                                  99.4

M. Béchamp a analysé les cendres de trois espèces de levure et a obtenu les résultats suivants :

	I. Cendres.	II. Cendres.	III. Cendres.
Acide sulfurique S O³. .	6.376	5.046	5.665
Acide phosphorique P O⁵.	58.866	53.443	55.628
Potasse K O.	28.791	31.521	28.691
Soude Na O.	1.929	0.771	0.804
Chaux.	2.491	2.395	1.608
Magnésie.	6.546	3.772	6.878
Oxyde de fer.	7.342	2.734	0.840
Alumine.	»	Traces manifestes.	Non dosé.
Acide silicique.	»	Traces.	Non dosé.

La présence d'une quantité aussi forte d'acide sulfurique est remarquable, mais douteuse, et est probablement due à quelque erreur; mais cette présence est incontestable.

Deux nouvelles analyses des cendres de levure faites dans le laboratoire de Liebig ont fourni :

	I.	II.
Acide phosphorique. . . .	44.76	48.53
Potasse.	29.07	30.58
Soude..	2.46	»
Chaux.	2.39	2.10
Magnésie.	4.09	4.16
Acide silicique.	14 36	»
Chlore, acide carbonique et oxyde de fer.	2.12	»
	99.25	

Dans cette dernière analyse, il n'est pas question de la présence de l'acide sulfurique, seulement Liebig a ajouté que dans de nouvelles expériences faites sur des cendres de levure, il a rencontré des traces de cet acide.

Les cendres de levure sont très-riches en phosphate le potasse, et il est difficile d'extraire ce sel, qui est lu reste soluble, de ces cendres par des lavages, d'où Liebig conclut que comme dans la semence des graminées, il doit être contenu dans la levure sous une autre combinaison chimique.

Lorsqu'on traite la levure par l'eau bouillante ou par l'eau froide, on obtient une substance soluble dans l'eau qui est un produit du contenu albumineux de la levure et dans laquelle le rapport entre le carbone et l'azote est le même que dans toutes les substances albumineuses, c'est-à-dire de 36 à 4. Cette substance est une partie constituante essentielle de la levure, et c'est, suivant Mulder, un premier produit de cette décomposition de la levure qui serait la cause de la fermentation. C'est probablement celle à laquelle d'autres chimistes ont donné le nom de zymase.

Nous avons vu que toute cellule adulte se compose de deux parties nettement tranchées, la membrane cellulaire et le protoplasma. M. Pasteur a trouvé en moyenne que la portion celluleuse dans la levure lavée avec l'eau et séchée était de 18,76 pour 100 ; Liebig en a fixé le maximum à 17 pour 100 et estimé que sa quantité réelle ne dépasse pas 14 pour 100.

Quant au contenu de la cellule, il se compose, en effet, de substances protéiques dans la proportion voulue avec le carbone et d'éléments minéraux. Mulder et Schlossberger ont fait l'analyse de cette substance, le premier en profitant de sa solubilité dans l'acide acétique et le second de sa facile dissolution dans une lessive de potasse. Voici les résultats de leur analyse élémentaire :

	MULDER, par la solution acétique.	SCHLOSSBERGER, par la solution alcaline.
Carbone.	53.26	55.06
Hydrogène.	7.64	7.50
Azote.	16.03	13.88
Oxygène et soufre. .	23.67	23.56

Mulder, dans son ouvrage sur la bière, a rapproché, d'après les analyses de M. Scheik, la composition élémentaire de la substance albumineuse de la levure, de celles de l'albumine du sang, de la caséine animale, de l'albumine de l'œuf, de l'albumine du froment et du gluten de froment, afin de pouvoir mieux en faire la comparaison. Le principe actif du contenu de la levure a été épuisé par l'acide acétique et précipité ensuite par l'ammoniaque; c'est sous cet état qu'il a été rapproché des autres substances.

	SUBSTANCES albumineuses de la levure.	ALBUMINE. du sang.	CASÉINE animale.	ALBUMINE de l'œuf.	ALBUMINE du froment.	GLUTEN du froment.
Carbone. .	53.4	53.4	53.8	53.5	53.9	53.8
Hydrogène.	7.0	7.1	7.1	7.0	6.9	7.0
Azote. . . .	15.8	15.6	15.6	15.5	15.6	15.6
Oxygène et soufre. . .	23.8	23.9	23.5	24.0	23.6	23.6

Si, ajoute Mulder, dans toutes les substances, la quantité de soufre n'était pas différente (de plus dans quelques-unes il existe du phosphore, tandis que dans d'autres il n'y en a pas), on pourrait considérer comme identiques toutes ces substances qui se rapprochent également par leurs propriétés principales. Elles ne sont cependant pas identiques, bien qu'elles contiennent toutes le même groupement organique comme partie constituante fondamentale.

Le dosage de l'azote dans les levures donne la mesure de leur activité et par conséquent de leur valeur vénale. La bonne levure active de bière accuse 0,10 pour 100 d'azote, la levure morte 0,05 et les levures issues d'autres fermentations, donnent un titre en azote entre 0,10 et 0,05, ce qui doit faire considérer les levures comme des mélanges des produits spécifiés.

Lorsque la levure reste longtemps plongée dans l'eau en contact avec l'air, elle passe, en définitive, à la fermentation putride en dégageant de l'hydrogène sulfuré, preuve de la présence du soufre dans sa composition. Les produits de cette fermentation sont, suivant M. A. Müller, de l'ammoniaque qui, sous forme de phosphate ammoniaco-magnésien, se dépose en petits grains cristallins, qui, d'un autre côté et simultanément, est saturé par l'acide lactique qui se forme; de plus de la leucine, de la tyrosine et toute une série d'acides gras comme acide formique (en très-faible proportion), acide acétique (qui domine), acides propionique, butyrique, caprylique, pélargonique, enfin, des bases alcooliques comme la triméthylamine, l'atylamine, l'amylamine, la caprylamine.

Liebig a constaté aussi une propriété intéressante

et importante de la levure : suivant ce chimiste, le malate de chaux entre promptement en fermentation avec la levure, et le sel calcaire est dédoublé en acide carbonique et trois autres sels de chaux, à savoir : le carbonate, l'acétate et le succinate calcaires.

Ainsi, la levure est un corps organisé dont les principes immédiats sont : l'azote, le phosphore, le soufre, le chlore, la potasse, la soude, et le fer combinés avec des quantités variables de cellulose et d'une substance albumineuse dans la composition de laquelle entrent les mêmes éléments que dans l'albumine du sang, l'albumine de l'œuf, l'albumine du froment, la caséine et le gluten du froment.

On a constaté que 100 kilog. de bon malt contiennent 2 kilog. de substances albumineuses solubles ; il s'y trouve donc une proportion plus que suffisante pour former le contenu des cellules de levure qui doivent prendre naissance dans la fermentation du moût préparé avec ce malt.

En ce qui concerne les enveloppes de ces mêmes cellules, M. Mulder croit qu'elles doivent se former aux dépens de la dextrine, tandis que M. Pasteur pense que la cellulose de la levure se produit aux dépens des éléments du sucre.

« Quoi qu'il en soit, dit le premier observateur, si on admet, ce qui a lieu en réalité, qu'il existe dans les cellules de levure 3 parties de substances albumineuses pour 2 parties de cellulose et dans 100 kilog. de malt, 2 kilog. de substances albumineuses solubles, on voit qu'il y a des matériaux suffisants pour donner 3 kil. 3 de levure entièrement sèche, et si, d'une autre part, on admet 75 parties d'eau dans la levure soi-disant sèche, on trouve, ajoute Mulder, que 100 kilog.

de malt peuvent donner 13 kilog. de levure solide non liquide. On ne doit donc pas être étonné de trouver dans les cuves-guilloires des brasseries, une quantité de levure quintuple de celle que l'on avait ajoutée au moût pour en déterminer la fermentation. »

ARTICLE VI. — QUALITÉS UTILES ET DÉFAUTS DE LA LEVURE.

Les levures qu'on rencontre dans le commerce n'ont pas toutes la même origine et ne se présentent pas sous le même aspect et avec les mêmes qualités.

La levure qu'on emploie le plus communément en France est celle qui provient de la fabrication de la bière. C'est elle dont on fait ordinairement usage pour activer la fermentation de cette boisson et de quelques autres liquides qui servent à l'alimentation, pour faire lever les pâtes dans la fabrication du pain, de la pâtisserie, etc.

Cette levure a généralement des défauts inhérents à son origine même.

D'abord elle n'est pas pure et renferme diverses mucédinées différentes d'elle-même et des matières étrangères qui en altèrent la qualité.

De plus, elle est d'une couleur brune qui provient des matières extractives empruntées aux moûts et à une résine brune contenue dans le houblon.

En troisième lieu, elle possède une amertume très-sensible qui provient également de la résine du houblon et qui est extrêmement prononcée chez la levure qu'on récolte sur les bières très-chargées en houblon, par exemple, celle de Bavière faite par décoction.

La levure qu'on cueille sur les bières blanches est bien moins colorée et bien moins amère que celle des bières brunes.

La levure des bières fromentacées, surtout celle qui provient des moûts où l'on ajoute une trop forte proportion de fécule ou de grain cru, est en général de basse qualité, attendu que dans ce genre de fabrication de la bière elle s'abâtardit facilement, à moins qu'on ne la ravive de temps à autre, et ne possède que des mauvaises qualités fermentescibles.

Il est vrai qu'on peut améliorer un peu la levure de bière par des lavages soignés avec l'eau, mais ces lavages mêmes affaiblissent ses propriétés, et trop abondants ou trop prolongés, ils lui enlèvent une partie de ses propriétés.

Une bonne levure de bière en bouillie ou liquide ou une levure en pâte doit posséder une odeur de fruit franche, agréable et fraîche et non pas une odeur désagréable qui indiquerait un commencement d'altération. Sa saveur est la plupart du temps légèrement aigrelette, mais si cette aigreur est poussée trop loin, la levure a déjà perdu de ses bonnes qualités et peut donner lieu à des fermentations lactique, visqueuse ou putride qui perdent tout un brassin. Une bonne levure n'est jamais visqueuse.

Comme le dit M. La Cambre, la levure des bières blanches est la plus estimée, ensuite viennent les levures de bières ambrées, puis les levures communes de distillerie. Toutefois, les levures de distillerie qui travaillent avec formation de levure comme en Allemagne, en Hollande, etc., sont en tout point préférables, parce qu'elles ne renferment pas de résine de houblon et d'huiles empyreumatiques qui affaiblissent son énergie et donnent une saveur désagréable.

Le même ingénieur, dans son traité de la *Fabrication des bières et de la distillation*, dit ce qui suit relativement à la levure sèche.

« La levure sèche doit être d'un jaune pâle, légèrement grisâtre, jamais d'un jaune foncé et encore moins d'un brun foncé, ce qui dénoterait une altération profonde ou une sophistication ; elle doit avoir une consistance de fromage sec, se laissant casser facilement en morceaux, sans toutefois se réduire en petits grumeaux, et cependant être dure, sèche, compacte et cornée comme certaines pâtes d'Italie. Quand on en délaie une petite quantité dans l'eau tiède, elle doit avoir une odeur fraîche qui ne soit pas désagréable, et si on ajoute une forte proportion d'eau bouillante, elle doit se porter promptement à la surface du liquide et surnager ; si elle tombe au fond, c'est un indice qu'elle est plus ou moins altérée. Ce dernier caractère est aussi applicable aux autres levures, mais il ne permet point de porter un jugement certain dans aucun cas. »

Suivant M. Puvrez, une levure pour être de bonne qualité, a besoin d'être saine et fraîche ; on la reconnaît à son aspect, à son odeur, à sa saveur et pour être plus certain de cette qualité, on peut s'en assurer par un examen au microscope.

On doit toujours donner la préférence à la levure provenant de la fermentation haute et choisir pour levain la levure consistante recueillie à la surface du moût et non pas le ferment déposé au bas des cuves.

C'est pour cela que dans la fabrication spéciale de

la levure, on opère la fermentation de petites portions des moûts dans des cuvettes distinctes et qu'on
affecte la levure ainsi préparée à la mise en levain
des grandes cuves des distilleries.

Dans la levure de distillerie, on rencontre également diverses qualités. Ainsi qu'on vient de le dire,
les levures ordinaires qu'on récolte sur les brassins
des distillateurs de grains sont de médiocre qualité,
mais il n'en est pas de même de celle qu'on recueille
quand on travaille avec formation de levure. Les levures ainsi produites et qu'on connaît sous le nom
de levures pressées sont d'une qualité supérieure.
Telle est la levure pressée, dite de Vienne, qui se
présente sous la forme d'une substance grisâtre, compacte, se laissant déprimer sous le doigt, et exhalant
une odeur aigrelette à peine sensible. C'est avec cette
levure qu'on fabrique le pain dit viennois remarquable par sa blancheur, sa légèreté, sa saveur douce
et l'égalité dans la levée de la pâte.

Il y a encore le ferment qu'on appelle levain de
distillerie et qui ne le cède en rien à la levure précédente sous le rapport de la pureté et des autres
qualités et qui souvent la remplace dans ses emplois
les plus délicats.

La levure ne se présente pas toujours avec les caractères qui constatent ses bonnes qualités et souvent
ses cellules sont languissantes et se montrent imparfaitement développées.

Ainsi, M. Lintner a constaté qu'il se produit parfois
une levure maigre qui prend naissance dans les conditions suivantes :

1° Lorsque la fermentation a lieu à une température trop basse ou qu'elle est trop prolongée ;

2° Lorsque le moût en état de fermentation est exposé à de très-grandes variations de température ;

3° Quand la levure ne trouve pas une matière alimentaire suffisante dans le moût.

Mais le même auteur fait remarquer qu'on peut la régénérer et lui restituer ses caractères normaux par une addition en quantité suffisante d'une matière alimentaire appropriée.

Dans le congrès des brasseurs qui a eu lieu à Vienne en 1873, à l'occasion de l'exposition universelle, ce même M. Lintner a rappelé que la levure maigre ou atteinte de la maladie que M. Habich a caractérisée sous le nom de phthisie de la levure était due à l'emploi d'un malt imparfaitement dissous, connu sous le nom de malt glutineux.

Disons encore pour faciliter la mise en levain des moûts qu'en général 2 kilog. de levure liquide doivent donner ou représenter 1 kilogramme de levure pressée.

Nous verrons par la suite que M. Pasteur est parvenu à préparer par des moyens bien simples une levure d'une pureté parfaite et que cette levure est blanche. Par conséquent, toute levure colorée est mélangée à des matières étrangères et n'est pas pure.

ARTICLE VII. — CONSERVATION ET RÉGÉNÉRATION DE LA LEVURE A L'ÉTAT PUR.

La levure étant un organisme végétal vivant, il faut le soustraire à toutes les influences qui pourraient nuire à l'exercice de sa vie, à son développement et à son énergie. Examinons les causes principales qui peuvent lui être nuisibles.

1° Dès que la levure est délayée dans de l'eau de 88° à 94° C., son activité est annulée, elle est morte.

2° La levure fréquemment exposée à une température voisine de la congélation de l'eau, ou gelée, lorsqu'elle est totalement développée, ne peut plus servir à la distillation. Néanmoins, on n'est point encore parvenu, par des congélations multipliées, à anéantir complétement ses propriétés.

3° Un fort développement d'acide acétique met la levure hors d'usage, surtout lorsqu'on est obligé de neutraliser l'excès d'acide par la soude, etc.; une levure qui contient une trop forte proportion d'acide acétique, doit être à l'instant rejetée, et il faut rechercher soigneusement la cause de cette acétification.

4° Une dessiccation complète est funeste à la levure. Quand on fait usage de la levure en poudre, il faut préalablement s'assurer qu'elle est encore active. Il n'y a que quand elle a été séchée à l'air, qu'elle conserve quelque activité.

5° Les acides sulfurique, sulfureux, azotique, les alcalis caustiques, les carbonates alcalins, détruisent la force de la levure, même lorsque ces matières sont très-étendues dans l'eau et employées en quantités très-faibles.

6° Le chlorure de chaux et l'arsenic, employés même en proportions infiniment minimes, détruisent l'énergie de la levure.

Considérons encore, avec M. Habich, les causes qui peuvent affaiblir l'énergie fermentescible de la levure. La levure se détériore et s'affaiblit.

a. Quand on la conserve sans qu'elle soit recouverte de bière ou d'un autre liquide qui la préserve du contact de l'air, elle entre alors au bout de ce temps en état de fermentation putride.

b. Quand pendant qu'on la conserve dans l'eau pure, on renouvelle trop fréquemment celle-ci, on la dépouille ainsi de ses éléments albumineux.

c. Quand elle est trop fortement imprégnée de résine de houblon qui s'oppose aux effets d'endosmose.

d. Quand elle est trop mélangée de glutine et de la matière de dépôt des bacs qui affaiblissent en partie sa force, laquelle, toutefois, n'est pas entièrement perdue.

La levure *a* est perdue sans retour; celle *b* est affaiblie, mais les jeunes cellules qui se développent dans les moûts sont saines et énergiques; celle *c* peut être lavée dans l'alcool pour la débarrasser de la matière résineuse, mais il vaut mieux la faire multiplier dans un moût pur, riche et non houblonné où elle se régénère; quant à la levure *d*, quand elle forme un chapeau visqueux, on l'enlève et on procède à sa multiplication dans un moût frais.

Nous savons maintenant quelles sont les causes principales qui détruisent en partie ou en totalité l'activité de la levure, et il s'agit de considérer ce qui peut la garantir contre les altérations et lui conserver son énergie.

Il est extrêmement difficile de s'assurer, par le simple aspect extérieur ou par les propriétés organoleptiques, de la bonne qualité d'une levure, ou de reconnaître si elle a été allongée ou sophistiquée.

On a conseillé avec raison, pour s'assurer de la qualité d'une levure, d'en faire l'essai; si cette levure, introduite dans un moût d'une densité convenable, y développe une odeur vineuse aromatique et franche, et y détermine une fermentation vive, bien normale, la qualité de cette levure est irréprochable. Si, au contraire, l'odeur est repoussante et nauséabonde, si la fermentation languit ou si elle tourne à l'acidité et à la putridité, la levure doit, sans hésitation, être rejetée.

Quant aux altérations qu'on fait éprouver à la levure en l'allongeant avec des matières étrangères, l'aspect seul ne suffit pas toujours pour constater la présence de celle-ci. Un essai préalable peut, il est vrai, dans bien des cas, en faire découvrir la nature, mais dans la plupart des circonstances il faut avoir recours à des réactions que la chimie indique, lorsqu'on la met en présence de quelques réactifs choisis.

La levure des brasseurs, celle qui s'élève à la surface des tonneaux et s'échappe par la bonde, est reçue dans de petits baquets au fond desquels elle se dépose en partie, on décante avec précaution la plus grande partie du liquide clair dont elle s'est séparée, puis on délaie ce qui reste, et on verse l'espèce de bouillie qu'elle forme alors, sur un filtre en toile ou carrelet où elle s'égoutte spontanément, et lorsqu'elle a acquis une assez grande consistance, on la met dans de doubles sacs en toile; on lie fortement l'ouverture de ceux-ci, puis on les range sur le plateau d'une presse, où ils sont soumis à une pression graduée pour extraire de la levure le plus possible du liquide interposé. Celui-ci, de même que le moût décanté et celui qui s'est écoulé du filtre, sont réunis à la masse de bière fermentée dans la cuve-guilloire et prête à être entonnée.

La levure pressée est extraite des sacs et vendue ordinairement par marchés aux levuriers; ceux-ci la divisent en mottes arrondies pesant un demi ou un quart de kilogramme, qu'ils vendent aux boulangers et aux distillateurs.

Le froid exerçant en général une action modératrice sur la fermentation, on peut conserver de la levure et la garantir d'altération pendant assez longtemps en la déposant dans une glacière ou en la recouvrant avec de l'eau glacée, ou du moins très-fraîche, qu'on doit renouveler tous les jours. Aujourd'hui qu'on produit aisément et à bas prix de la glace en toute saison, la conservation de la levure devient facile et économique.

Ces moyens simples suffisent pour que la levure garde assez bien toute sa vitalité pendant un certain temps, qui est plus long en hiver et plus court dans les temps chauds, mais ils sont insuffisants dès que la conservation doit être plus prolongée ou qu'il s'agit de la faire voyager et de la transporter au loin.

Pour conserver alors la levure, les uns la mélangent avec de la farine, de la fécule ou du charbon de bois pilé grossièrement et bien sec. La farine et la fécule servent à l'assécher plus complétement, et par conséquent à la soustraire pendant plus longtemps aux agents de décomposition, mais ce sont des matières organiques elles-mêmes et par conséquent hygroscopiques, et en attirant l'humidité de l'air, elles amènent la décomposition. Le charbon de bois est bien plus efficace sous ce rapport, mais il est incommode dans les usages auxquels on emploie ultérieurement la levure.

D'autres pétrissent la levure avec du charbon animal en poudre ou avec des os calcinés et pulvérisés finement et en fabriquent des gâteaux ou des briques qu'on fait sécher à l'air ou à une douce chaleur. Ce moyen donne lieu à la même objection que le précédent.

On a aussi proposé de faire dessécher lentement la levure bien lavée et égouttée, dans une étuve, en l'étalant sur des plaques en plâtre qui en absorbent l'humidité, puis, en cet état, de la réduire en poudre qu'on introduit et conserve dans des vases hermétiquement bouchés. Sans doute, l'application d'un degré modéré de chaleur ne nuit pas à la levure qui résiste, comme nous l'avons vu, à une très-haute température, mais il est bien difficile de la soustraire complétement sous cet état à une absorption de l'humidité et dès lors à des altérations.

Un moyen différent consiste à laver soigneusement la levure récente et bien fraîche avec de la mélasse, ou mieux du sucre blanc pilé pour en former un sirop épais qui ne s'altère que difficilement.

Enfin, dans ces derniers temps, on a conseillé de conserver la levure liquide en la mélangeant avec un huitième de son poids de glycérine et de la déposer dans un lieu bien sec. Il faut que la glycérine soit très-pure, bien limpide et blanche pour ne pas introduire dans la levure de matières étrangères. Du reste, elle n'est pas perdue, puisque lorsqu'on en a extrait la levure, on la filtre, on la chauffe et on la ramène à son degré de consistance.

On s'est servi aussi de la glycérine dont on arrose la levure au sortir de la presse, puis on ajoute du sucre pour former un sirop épais qu'on conserve dans un lieu sec.

Les divers moyens que nous venons d'indiquer laissent beaucoup à désirer sous le rapport des matières étrangères qu'on introduit dans la levure et qui peuvent avoir une influence plus ou moins fâcheuse ou incommode sur les emplois directs qu'on peut faire de cette substance, mais voici un procédé indiqué récemment par MM. Jeverson et Roldt, de Copenhague, qui nous paraît bien plus rationnel et d'une utilité beaucoup plus marquée dans la pratique. Voici comment les inventeurs l'ont exposé eux-mêmes.

La levure telle qu'on la recueille dans les brasseries ou les distilleries de grains est lavée avec soin à l'eau froide, puis débarrassée de la plus grande partie de son eau par la pression et enfin asséchée dans un centrifuge. Comme elle n'est pas encore ainsi parvenue à un degré complet de siccité, on la dépose dans un appareil dans lequel on produit le vide aussi complétement que possible. Dans cet appareil, on achève d'en vaporiser l'humidité par l'application d'une légère chaleur et absorber les vapeurs qui se forment par du chlorure de calcium ou autre matière absorbante. Enfin cette levure est exposée à un courant d'air ordinaire et bien sec ou un courant d'acide carbonique suivant la température régnante ou les circonstances atmosphériques. A la suite de ces manipulations, on obtient enfin une poudre bien sèche qu'on renferme dans des flacons ou des boîtes fermant hermétiquement où elle se conserve pendant longtemps et peut être expédiée au loin. Pour se servir de cette poudre, on la délaie dans de l'eau chauffée de 20 à 30° C. pour en faire une bouillie claire dont les effets sont les mêmes que ceux de la levure fraîche.

Dans une communication faite en 1872 à l'Académie des Sciences, M. Pasteur a cherché à démontrer :

1° Que toutes les altérations de la bière, soit de la bière achevée, soit de la bière en cours de fabrication et du moût qui sert à la produire, sont corrélatives du développement et de la multiplication d'organismes microscopiques qu'il appelle par ce motif *ferments de maladie;*

2° Que les germes de ces ferments sont apportés par l'air, par les matières premières, par les ustensiles en usage, etc.;

3° Que toutes les fois que la bière ne renferme pas les germes vivants qui sont la cause immédiate de ses maladies, cette bière est inaltérable, quelle que soit la température de sa fabrication et de sa conservation;

4° Que par l'emploi des procédés actuels de la brasserie, tous les moûts, tous les levains et toutes les bières renferment les germes des maladies propres à ces substances.

En conséquence, M. Pasteur a proposé un mode de fabrication et de conservation des moûts et de la bière préparés en les privant de tout germe de maladies.

« Rien ne peut mieux démontrer, ajoute-t-il, que les altérations du moût sont réellement dues à des organismes microscopiques que le fait de l'inaltérabilité absolue du moût au contact de l'air quand, par une ébullition préalable, on a détruit la vitalité des germes que le moût pourrait renfermer, et que par un orifice quelconque, on place ensuite ce moût à l'abri des poussières que l'air charrie.

« Des faits de même ordre sont offerts par la levure de bière, le produit indispensable de toute bonne fabrication. Toutefois, en ce qui concerne la levure, les choses ne se présentent pas avec la même simplicité que pour la bière et le moût dont on la tire. La bière et le moût de bière sont des substances mortes, ce n'est que par un langage figuré qu'on les considère quelquefois comme des liquides doués d'une vie propre. On comprend dès lors que les liquides soient indestructibles tant qu'ils ne sont pas soumis à des causes extérieures de détérioration. La levure, au contraire, est un être vivant. La matière des êtres vivants est-elle indestructible au contact de l'atmosphère, celle-ci étant envisagée comme un ensemble d'éléments gazeux ou de fluides impondérables n'ayant, à aucun degré, la puissance d'évolution de tout ce qui a vie.....

« On sait que des botanistes très-habiles, autrefois Turpin, de nos jours, en Allemagne, M. Hoffmann, pour ne citer qu'un seul nom, et présentement encore en France, M. Trecul, ont cru devoir conclure de leurs observations que la levure de bière peut faire naître des moisissures diverses, entre autres le *penicillium glaucum.*

« Que la levure de bière soit éminemment altérable? tous ceux qui ont manié cette substance ont eu l'occasion de le constater. Pendant les chaleurs de l'été et même à des températures plus basses, elle change de consistance dans l'intervalle de quelques jours, répand une odeur putride et perd son activité comme ferment. On sait aussi que ces altérations s'accompagnent du développement d'organismes microscopiques, bacteries, vibrions, ferment lactique ; moisissures diverses. D'où viennent ces productions organisées? La levure les engendre-t-elle d'elle-même par une modification de ses cellules dans des conditions de vie nouvelle; ou bien ces organismes trouvent-ils leur origine dans les poussières des objets avec lesquels la levure a été en contact?

« Je suis parvenu, continue M. Pasteur, à préparer de la levure privée de tout germe étranger à sa nature propre, et j'ai pu dès lors me rendre compte des changements qu'elle éprouve au contact de l'air pur. Chose assurément remarquable, la levure paraît inerte comme une substance minérale, ne donne lieu à aucune putréfaction quelconque, et l'on ne voit apparaître à sa surface ou dans son intérieur ni moisissures, ni vibrions, ni bacteries, ni ferments acétique ou lactique; elle ne donne même pas naissance au *mycoderma vini*, si voisin de la levure par sa structure, sa forme, son mode de développement; enfin, elle conserve son caractère ferment, quoique forcée de vivre pour un temps sur sa propre substance; son protoplasma se modifie profondément comme il arrive toujours pour des cellules où les phénomènes habituels d'assimilation se trouvent suspendus. »

C'est en se basant sur les principes précédents que M. Pasteur a proposé le procédé de préparation et de conservation de la bière dont il vient d'être question et qui s'applique aussi à la levure, procédé que nous ferons connaître lorsque nous nous occuperons de la fabrication de cette dernière substance.

La levure qu'on recueille chaque jour dans les établissements industriels ou celle qu'on a conservée peut, par un emploi peu rationnel, soit par toute autre circonstance, éprouver un affaiblissement dans ses propriétés et manquer d'énergie; on doit donc chercher le moyen de lui restituer sa force ou des procédés pour la remplacer dans les cuves à fermentation.

On active ou on développe de la levure, en un mot on la cultive en lui fournissant les matériaux qui entrent essentiellement dans sa composition ; ces matériaux sont principalement l'azote et l'acide phosphorique. D'après M. Pasteur, si, à un mélange de tartrate d'ammoniaque et de phosphate de soude, on ajouté du sucre et des traces de levure, on recueille en peu de temps de la levure en abondance.

Quand on veut accroître la proportion de la levure dont on dispose, ou pour renouveler une levure trop vieille, on peut opérer comme il suit :

On se procure une petite quantité de levure de dépôt qui se forme toujours au fond des tonneaux de bière de garde, et on la mélange avec une certaine proportion de moût concentré. On fait fermenter à haute température si on veut avoir de la levure haute, et à basse température, si on veut de la levure basse. La levure qu'on recueille ainsi, est mélangée à une nouvelle quantité de moût concentré, on laisse fermenter, on recueille la levure, et ainsi de suite, jusqu'à ce qu'on ait obtenu toute celle dont on peut avoir besoin.

Dans les fermentations hautes, si on laisse les moûts parcourir toutes les phases du phénomène et que vers la fin on les maintienne à une basse température, ils rejettent de la levure haute en même temps qu'il se dépose de la levure de fond, de façon qu'on peut recueillir d'un même brassin les deux espèces de levure. Il n'en est pas de même quand on fait fermenter avec la levure basse et à une température basse, il ne se forme que de la levure basse, mais la plupart du temps ces deux sortes de levure sont mélangées entre elles.

En Belgique on pratique un moyen particulier pour se procurer de la levure. On fait fermenter lentement un moût riche, on prélève la levure qui se produit, dit-on, ainsi spontanément et on la multiplie par des opérations successives, mais cette levure ne produit guère que de la levure basse, et encore dans les vieilles cuves imprégnées de ferment; les cuves neuves n'en fournissent pas. Il paraîtrait même, suivant certains observateurs, que cette levure est sensiblement différente de celle normale ou un mélange de cette levure et d'autres ferments.

Quand la levure s'affaiblit et que son action languit, soit parce qu'elle commence à éprouver une décomposition putride, soit que le moût où on l'applique soit peu abondant en matériaux propres à sa multiplication, on peut l'activer en la mélangeant à un moût riche qu'on a fait cuire ou à un peu de sucre de canne.

CHAPITRE V.

De la Fermentation.

—

ARTICLE Iᵉʳ. — DE LA FERMENTATION EN GÉNÉRAL.

Tous les corps de la nature d'origine organique, aussitôt que la vie les abandonne et que leurs organes cessent de fonctionner d'une manière harmonieuse et normale, et quand ils sont soumis à certaines conditions, se décomposent soit en leurs principes immédiats, soit en leurs principes élémentaires pour former de nouveaux corps composés ou pour se disperser sous la forme de gaz simples dans l'atmosphère. Tout corps organique dépouillé de la vie doit, comme tel, disparaître ; c'est une loi immuable de la nature.

Les agents principaux de cette décomposition finale sont l'eau, la chaleur et les ferments.

L'eau seule, à proprement parler, ne décompose pas ou ne décompose qu'imparfaitement les corps organisés, et généralement elle les dispose seulement à éprouver une décomposition. Mais elle doit toujours être présente et jouer un rôle pendant que celle-ci intervient.

La chaleur portée à une grande élévation brûle tous les corps organisés, les réduit en gaz, en abandonnant la partie inorganique qui entrait dans leur composition. A une température plus basse et quand on y fait concourir la soustraction de l'eau, elle peut contribuer à leur conservation. Aux températures ordinaires, et avec le secours de l'eau et des ferments, elle contribue puissamment à leur décomposition.

Enfin, les ferments sont les agents actifs et énergiques de la composition des corps organisés. Ce sont eux qui, en présence de l'eau et de la chaleur, déterminent les modifications que les solides et les liquides contenus dans ces corps et dans leurs tissus éprouvent, et qui les transforment en d'autres corps solides, liquides ou gazeux, et enfin provoquent ces changements dans leur composition physique et chimique auxquels on a donné le nom de fermentation.

Le corps organique qui se décompose est donc la matière fermentescible qui se modifie d'une manière déterminée sous l'influence d'un autre composé ou être organique appelé ferment, lequel se développe et se multiplie aux dépens de la matière fermentescible.

Toutes les fermentations paraissent provoquées par un ferment qui leur est propre, et par conséquent on connaît plusieurs sortes de fermentations qu'on distingue par des noms empruntés au produit principal de la transformation; c'est ainsi qu'on appelle *fermentation alcoolique,* celle dans laquelle les matières sucrées sont converties en alcool, en acide carbonique et quelques autres produits; *fermentation acétique,* celle où il y a formation d'acide acétique, et de même *fermentation lactique, fermentation butyrique, fermentation putride, etc.*

Toutes les matières organiques, dit M. Pasteur, soit animales, soit végétales, ont une combinaison tellement chancelante que les moindres causes produisent en elles des changements et des décompositions qui se font d'autant plus facilement que leur composition est plus complexe. Cependant les transformations ne sont pas les mêmes pour toutes les matières. Les unes se décomposent pour ainsi dire spontanément quand elles se trouvent exposées à l'air ou à l'humidité, et fournissent à la suite de cette décomposition qui est une combustion lente et sourde, les produits les plus divers. Ces substances sont appelées substances corruptibles. D'autres matières n'éprouvent aucune transformation ni à l'air ni dans l'eau, mais quand elles se trouvent en contact avec une substance entrée déjà en putréfaction, elles sont appelées substances fermentescibles, et la substance corrompue qui a produit cette décomposition se nomme un ferment. La décomposition elle-même est désignée par le terme de fermentation.

Les ferments sont aussi divers que les produits qu'ils développent; la diastase est un de ces ferments qui est produite dans le malt pendant la germination, et qui possède la propriété de transformer l'amidon en sucre et en gomme (dextrine) à la température de 60 à 75° C., et de transformer le sucre dissous en alcool et en acide carbonique. La caséine, répandue dans le règne animal et dans le règne végétal, est le ferment qui transforme le sucre dissous dans l'eau ou l'amidon séparé de l'eau en acide lactique à une température de 25 à 40° C. A une température plus élevée, les sucs de plantes contenant du sucre se convertissent en mucosite, et l'acide lactique se convertit de son côté en acide butyrique.

Cet acide, de même que l'acide acétique, donne encore un ferment susceptible de transformer l'alcool contenu dans diverses liqueurs spiritueuses en acide acétique et en eau.

D'après ces produits, on distingue différentes fermentations : la fermentation saccharine ou sucre, la fermentation spiritueuse ou vineuse, la fermentation lactique, la fermentation muqueuse, la fermentation butyrique et la fermentation acétique.

Dans toutes ces fermentations, il y a nécessairement un ferment et un corps susceptible de fermenter. Le ferment est presque toujours un corps contenant de l'azote. La matière fermentescible, au contraire, est le plus souvent dépourvue d'azote et n'éprouverait pas une pareille décomposition, si elle n'était dissoute dans l'eau. Dans les cas précédents, le ferment agit mécaniquement et se sépare de nouveau après la fermentation. Si, au contraire, le ferment se mélange chimiquement avec le produit, comme cela a lieu dans la fermentation putride, il y a alors putréfaction.

La fermentation alcoolique est la seule qui doive nous occuper dans ce manuel, mais nous aurons l'occasion de dire quelques mots sur les fermentations lactique et acétique.

Depuis l'époque où l'on a constaté que la levure était un organisme vivant et une plante de la famille des mucédinées, la science a acquis des notions plus précises à ce sujet. M. Pasteur, qui a fait une étude approfondie des ferments microscopiques soit végétaux, soit animaux, en a montré les aptitudes spéciales pour transformer certains principes immédiats sécrétés dans les tissus des plantes et des animaux. Il a étudié la vie de ces êtres dont les séminules ne peuvent parfois être aperçues, même à l'aide du microscope grossissant le diamètre 500 et même 1,000 fois, et démontré que leur existence est liée à une foule de phénomènes jusque là mystérieux.

Il a observé en particulier les circonstances de la nutrition de la levure et reconnu qu'aux substances organiques contenues dans le moût d'orge germée des brasseries, on pouvait comme aliment pour la levure substituer du sucre, des phosphates et des sels ammoniacaux. Les choses se passent donc pour cette végétation microscopique comme pour les plantes herbacées et les grands végétaux ligneux. On savait déjà que le sucre de canne pendant la fermentation se transformait en sucre de raisin ou plus exactement en un mélange de glucose cristallisable et de sucre liquide ou incristallisable, mais M. Pasteur a montré qu'il y a encore présence dans les moûts d'acide succinique, de cellulose et de glycérine.

On voit donc quel rôle important et complexe joue la levure dans toutes les opérations de la fermentation alcoolique, par conséquent dans toutes les industries où intervient cette fermentation. C'est elle qui préside aux réactions dont le résultat final est la production de la bière. Dans les boulangeries, c'est elle qui sous le nom de levain détermine ce dégagement de gaz acide carbonique dont l'effet est de faire lever la pâte et de l'amener à un état de division ou de légèreté et à un volume convenable au moment de la cuisson. Il y a encore d'autres industries où l'on ne fait pas un emploi moins utile des propriétés singulières de ces corpuscules organisés.

La fermentation peut donc être assimilée à un phénomène de culture, et c'est ainsi qu'elle a été considérée par quelques savants à la suite de leurs recherches sur ce sujet.

Dans son ouvrage intitulé l'*Osmose et ses applications industrielles*, paru en 1873, M. Dubrunfaut s'exprime ainsi, p. 111 :

« Les fermentations qui naissent sous l'influence des végétaux microscopiques sont de véritables opérations de culture qui peuvent servir de point d'appui et de comparaison aux travaux de la grande culture. Comme moyen d'expérimentation, les fermentations offrent sur les derniers cette supériorité que s'accomplissant dans un temps fort court et en toute saison elles permettent de multiplier les observations. C'est ainsi que M. Pasteur a reconnu qu'un sel ammoniacal, le tartrate, peut jouer, vis-à-vis la production du ferment, le rôle d'un véritable engrais azoté, ce qui identifie complétement les conditions de la culture et de la fermentation alcoolique. C'est ainsi qu'il a pu encore reconnaître l'activité des phosphates pour la reproduction de la levure. Dans le travail habituel des brasseries, une partie de la levure ajoutée au moût comme semence en produit sept parties. Ce fait exprimé dans la langue agricole signale une condition où la récolte présente sept fois le poids de la semence, et ici le produit récolté est d'excellente qualité, ce qui est accusé par ses qualités physiques et chimiques : Il est à remarquer que la même récolte pourrait être obtenue avec moins de semence, c'est-à-dire avec 1/10 ou même 1/100, et alors le rapport de 1 à 7 ci-dessus deviendrait 70 ou même 700 et plus ; mais il faudrait un temps plus long pour l'obtenir, car il s'agit d'une évolution qui exige un certain temps et dont les résultats quantitatifs dépendent du nombre de sujets reproducteurs mis en œuvre. Dans les conditions de la brasserie, la période de fermentation productrice de levure dure à peu près trois jours et d'après les résultats obtenus, on peut admettre la progression géométrique comme expression de la loi de reproduction du ferment globulaire. Cette loi exigerait rigoureusement le nombre 8 là où l'on n'obtient que le nombre 7, mais la différence 1/8 serait la constante représentant le déficit des globules stériles. La même loi lui attribuerait la durée de 24 heures au temps utile à l'accomplissement de l'évolution d'une génération de ferment. »

Le même savant, à la page 115 de son ouvrage, ajoute encore :

« Les moûts de bière contiennent des matières albuminoïdes qui peuvent concourir comme aliments à la reproduction d'une grande quantité de ferment alcoolique..., de sorte que la levure ajoutée à ces moûts équivaut, suivant le langage pittoresque de Turpin, à un véritable ensemencement agricole, et la cuve du brasseur est ainsi un véritable champ fertile où la levure se reproduit soit par germes, soit par spores, soit par fissiparité, c'est-à-dire selon les divers modes de reproduction des végétaux et des animaux inférieurs.

« La végétation de la levure de bière est toujours accompagnée d'un dégagement d'acide carbonique, et ce fait est identique avec celui que présente la végétation nocturne des plantes. C'est donc sur les matériaux dissous dans les moûts que la levure de bière prélève ses éléments nutritifs, y compris l'azote. »

Envisageons la fermentation sous sa forme la plus simple, c'est-à-dire telle qu'elle se développe dans une expérience faite avec un liquide préparé à cet effet.

« Si on introduit, dit M. Pasteur, une petite quantité de levure dans l'eau miellée faible et bouillie auparavant, le phénomène qu'on observe consiste dans le dégagement de nombreuses bulles d'acide carbonique qui forment bientôt une écume épaisse.

« En observant sous le microscope, on ne voit jamais se dégager de bulles des cellules mêmes. Elles naissent au sein de la liqueur lorsque celle-ci se trouve saturée de gaz. Cette première phase se termine au bout de quelques jours et avant que tout le sucre ait disparu, parce que la réaction acide qui *se déclare dans la liqueur* met un terme à la fermentation. La surface de la liqueur est alors (après disparition complète de l'écume) couverte d'une délicate pellicule proligère, blanche, formée par de très-petites cellules de levure et de cellules basiliformes qui souvent représentent de petites chaînes composées de plusieurs membres. La majeure partie de la levure s'est déposée au fond du vase; on ne remarque pas de nouvelles productions; ces cellules, dont le volume dépasse de beaucoup celui des cellules globuleuses de la pellicule, renferment plusieurs petites vacuoles, ou quelquefois une seule plus grande, qui toutes, du reste, sont remplies d'un liquide aqueux et transparent.

« Quant à la pellicule proligère, elle fructifie sous la forme de *penicillium* lorsqu'elle reste à la surface de la liqueur. Si, au contraire, on la tient immergée dans un appareil approprié avec de l'eau miellée de manière à la garantir du contact de l'air, elle ne fructifie pas, mais produit un mouvement de fermentation avec développement d'acide carbonique.

« Quant au dépôt de levure resté inerte au fond du vase, ses qualités ne sont pas encore éteintes, on peut, par exemple, en déposant cette levure sur un fragment de pomme de terre (bouillie auparavant) et en la laissant exposée à l'air, parvenir à la faire fructifier sous forme de *penicillium*, de *mucor* ou autrement, toutefois, en ayant la précaution d'exclure la poussière répandue dans l'air. Ce n'est qu'au bout de neuf mois qu'ayant perdu la faculté de déterminer la fermentation, d'engendrer une pellicule et de fructifier, qu'elle doit être considérée comme morte. »

Nous bornerons ici ce que nous avons à dire sur la fermentation considérée comme un phénomène général, et nous réservons les développements lorsque nous nous occuperons des théories qu'on a proposées pour l'expliquer, ainsi que de ses produits et de ses applications pratiques.

ARTICLE II. — THÉORIE DE LA FERMENTATION.

Il serait assez difficile dans un simple manuel de présenter une histoire complète des théories qui ont été proposées à diverses époques pour expliquer le phénomène de la fermentation, mais il est de notre devoir de mentionner les principales et de nous étendre un peu plus sur celles actuellement en vogue.

Berzelius expliquait l'action de levure dans la fermentation par la force qu'il a appelée catalytique.

Mitscherlich pensait que cette fermentation était due à une action de contact toute particulière, opinion qui diffère peu de la précédente.

D'après Liebig, la fermentation serait un mouvement de l'atome du corps fermentescible provoqué par l'état de mouvement ou de décomposition du corps provocateur ou ferment, mouvement qui se propagerait dans le corps fermentescible.

M. Pasteur, en France, et plus tard, M. Schwann, en Allemagne, ont rejeté les théories mécaniques, physiques et chimiques de leurs prédécesseurs et ont vu dans la fermentation une action physiologique due à la vitalité de la levure. Cette dernière théorie, qui paraît avoir été adoptée par presque tous les physiologistes et les chimistes modernes, mérite donc qu'on la fasse connaître avec quelques développements, mais avant de procéder, disons que plus tard, en 1848, Liebig, sans contester la vitalité de la levure, a proposé une théorie de la fermentation un peu différente de celle qu'il avait présentée en 1839.

« Dans la putréfaction des matières animales, leurs éléments, dit Liebig, se trouvent dans une alternative incessante, dans un état d'équilibre troublé qui change et se modifie par les forces agissantes les plus faibles, par des matières étrangères, des affinités éloignées et la chaleur. Un pareil état des matières présente un sol des plus propices au développement des animaux imparfaits et des classes les plus inférieures, tels que les animaux microscopiques dont les œufs, comme on sait, sont présents partout en quantité innombrable et se développent par myriades dans ces matières en putréfaction et faisant servir à leur alimentation les nouveaux produits qui résultent de cette putréfaction. »

Nous n'essaierons pas de réfuter cette théorie de Liebig qui ne repose que sur des données fort obscures et hypothétiques et nous passons à la théorie de Schwann qui, dans sa *Monographie de la fermentation alcoolique*, paraît avoir complétement confirmé la théorie vitale de la fermentation. A la suite de nombreuses expériences, ce savant physiologiste est arrivé aux conclusions suivantes :

1° Une substance organique qu'on a fait bouillir ou un liquide précédemment susceptible de fermenter et qu'on chauffe, ne se putréfie pas ou mieux ne fermente pas, malgré qu'il y ait un accès prolongé d'air atmosphérique, pourvu que celui-ci ait été aussi chauffé.

2° Pour qu'il y ait pourriture, ainsi que fermentation, où l'on voit apparaître de nouveaux animaux ou de nouvelles plantes, il faut surtout qu'il y ait présence de substances organiques qui n'aient pas été chauffées, ou que ces substances soient mises en contact avec de l'air atmosphérique non chauffé.

2° Dans le jus exprimé du raisin, le dégagement

apparent du gaz, comme indice de la fermentation, se montre bientôt après que les premiers exemplaires d'une mucédinée filiforme particulière, et qu'on peut appeler mucédinée du sucre, sont devenues visibles. Pendant la durée de la fermentation, ces plantes se développent et augmentent en nombre.

4° Si on transporte un ferment qui renferme déjà des mucédinées toutes formées dans une solution de sucre, les phénomènes de la fermentation ne tardent pas à s'y développer, et même bien plus promptement que quand les plantes doivent se former pour la première fois.

Schwann ajoute encore : « La connexion entre la fermentation du vin et le développement de la mucédinée du sucre est incontestable, et il est indubitable que cette dernière, par son développement, est la cause des phénomènes de la fermentation. Mais comme pour qu'il y ait fermentation, il est certain, qu'indépendamment du sucre, un corps azoté est nécessaire, il paraîtrait alors que celui-ci est également une condition à la vie de ces plantes, de même qu'il paraît très-vraisemblable que la mucédinée renferme elle-même de l'azote. La fermentation du vin se présente donc comme une décomposition provoquée par cette circonstance que la mucédinée du sucre enlève au sucre et à un corps azoté les matières nécessaires à sa nutrition et à son développement, au moyen de quoi les éléments de ces corps qui ne passent pas dans la plante (probablement parmi plusieurs autres éléments), se combinent principalement sous forme d'alcool. »

Les recherches de Schwann paraissent avoir été confirmées plus tard par Ure, par les expériences faites

avec un soin extrême de Helmholz et par d'autres
physiciens ou physiologistes; mais nous devons, en
particulier, citer les principaux points de la théorie
vitale de la fermentation, tels qu'ils ont été formulés
par M. Pasteur :

1° Sans levure, la fermentation est impossible.

2° Les produits de la fermentation alcoolique sont
le résultat de la nutrition, d'un échange des principes
de la plante de la levure, une partie du sucre est
employée à la formation des nouveaux éléments de
cette levure, une autre et la majeure partie est transformée par le phénomène chimique de la fermentation en alcool, acide carbonique, glycérine, etc.

3° La levure n'a pas besoin, pour se nourrir, d'une
substance albumineuse; dans une solution de sucre
qui contient, outre les matières inorganiques, des
cendres de la levure et certains sels ammoniacaux,
elle peut se nourrir normalement et se propager
comme telle. L'azote de la levure ne se transforme
même pas, pendant la fermentation dans la liqueur,
en sels ammoniacaux.

Avant d'aller plus loin, rappelons des expériences
intéressantes qu'on doit à M. Dubrunfaut, et qui jet-
teront une assez vive lumière sur le développement
physiologique de la levure.

On connaît l'influence des sels ammoniacaux et
d'autres sels minéraux sur le développement des végétaux, influence dont on a fait dans ces derniers
temps des applications heureuses en agriculture, ce
qui a suggéré à M. Dubrunfaut l'idée de constater si
la vie végétative du ferment ne serait pas aussi influencée par la présence des sels minéraux.

M. Dubrunfaut, en conséquence, a composé des

moûts avec des dissolutions de sucre dans l'eau à 10 pour 100, et les a additionnés de différents sels minéraux et de levure de bière en pâte. Les poids de ces matières ont été tous uniformément de 0.05 du poids du sucre. Le ferment, ainsi dosé, ne représentant en matière sèche que 0.01 du poids du sucre, c'est-à-dire une dose exactement suffisante pour faire fermenter la moitié du sucre.

Voici les sels employés, classés suivant le rôle utile qu'ils ont joué dans la fermentation : 1° nitrate de potasse ; 2° sulfate d'ammoniaque ; 3° sulfate de potasse ; 4° phosphate de chaux ; 5° sulfate de magnésie ; 6° sulfate de chaux ; 7° sulfate de soude ; 8° moût sans sels minéraux comme témoin, et enfin 9° un moût additionné d'alun potassique.

Si on en excepte ce dernier sel, employé dans un but particulier, et qui a donné un résultat négatif, tous les autres sels ont donné des résultats supérieurs à ceux du témoin qui, conformément aux faits connus, n'a transformé que 0.50 de sucre en alcool. Avec le sulfate de soude on a obtenu en sucre fermenté, 0.53 ; avec le sulfate de chaux, 0.62 ; avec le sulfate de magnésie, 0.73 ; avec le phosphate de chaux, 0.80 ; avec le sulfate de potasse, 0.88 ; avec le sulfate d'ammoniaque, 0.94 ; et enfin avec le nitrate de potasse, la transformation a été complète et parfaite, sans production d'acide autre que la production normale qui est, selon M. Dubrunfaut, un acide organique équivalant à 0 gr. 8 de $SO^3 HO$ pour 100 grammes de sucre prismatique.

Le sulfate d'ammoniaque a paru inférieur au nitrate, mais si l'expérience eût été poursuivie plus de temps, la fermentation au premier sel eût égalé celle au second.

L'acide nitrique a disparu complétement, tandis que l'acide sulfurique du sulfate s'est retrouvé intégralement dans le vin. La soude a été bien moins efficace que la potasse.

Les conclusions de M. Pasteur, rapportées plus haut, ont été attaquées par plusieurs chimistes, entre autres par Liebig, et c'est pour tenter de vérifier expérimentalement les questions qui étaient encore débattues que M. A. Mayer, dans un ouvrage intitulé : *Recherches sur la fermentation alcoolique*, a fait connaître, en 1869, le résultat de ses nombreuses expériences sur ces questions.

Les recherches remarquables de M. Pasteur, dans lesquelles ce physicien a pu, entre autres, dans un milieu liquide renfermant du sucre, les matières minérales de la levure (sous forme de cendres) et un sel ammoniacal, nourrir et multiplier la levure, ont été le point de départ de celles entreprises par M. Mayer, d'abord sur l'influence que chacun des éléments dont se composent les cendres de la levure peut exercer sur la nutrition de la levure, et par conséquent sur l'intensité de la fermentation, et en second lieu, sur la nature des substances organiques azotées qui, comme beaucoup d'éléments de l'extrait aqueux de la levure, sont si propres à satisfaire au besoin d'azote que paraît avoir cette substance. Voici, en résumé, les résultats auxquels est arrivé M. Mayer :

Il a constaté avant tout que l'acide azotique qui, pour les plantes qui contiennent de la chlorophylle, est une matière alimentaire azotée remarquable, n'était pas en état de pouvoir servir à l'alimentation en azote de la levure, et que celle-ci placée dans un milieu très-favorable, mais ne renfermant de l'azote que sous la forme d'acide azotique, ne pouvait pas s'y nourrir et s'y développer.

Il a ensuite mesuré l'influence de chacun des éléments particuliers des résidus de l'incinération de la levure, ainsi que d'autres sels inorganiques, en dosant l'acide carbonique qui se dégageait pendant un certain temps du sucre, de l'azotate d'ammoniaque ou d'un sel correspondant, et dans des liquides mis en fermentation par un minimum de levure dans des circonstances identiques, et enfin en dosant également la quantité d'alcool formé pendant cette fermentation. La quantité et le rapport de ces deux substances peut servir à mesurer l'intensité de la fermentation, et par conséquent à établir jusqu'à quel point les substances en question peuvent servir à la nutrition de la levure.

Les principaux résultats de ces recherches ont été formulés, ainsi qu'il suit, par M. Mayer :

« Parmi les éléments minéraux qui composent les cendres de la levure, c'est le phosphate de potasse seul qui paraît être le sel le plus propre à provoquer la décomposition du sucre en alcool, en acide carbonique et en quelques autres corps, ainsi que le démontre une série étendue d'expériences où l'on a fait varier de bien des manières les autres éléments minéraux. L'action de ce sel ne peut pas être remplacée par le phosphate de soude ou le phosphate d'ammoniaque.

« Parmi les sels soumis aux expériences, on ne peut attribuer, indépendamment du phosphate de potasse, qu'une action presque insignifiante dans cette décomposition au phosphate de chaux et à l'azotate de potasse (ce dernier, peut-être uniquement, parce que dans la faible quantité de levure introduite, il y avait toujours présence de traces d'acide phosphorique dont il convient de tenir compte).

« D'autres matières minérales sont encore, dans tous les cas, nécessaires à la nutrition complète de la levure, indépendamment de phosphate de potasse. Si un liquide susceptible de fermenter renferme du sucre et des sels ammoniacaux dans des rapports convenables, et qu'on n'y ajoute aucun autre élément minéral que du phosphate de potasse, il se développe une fermentation assez intense, mais les cellules de levure sont, après un certain nombre de générations, si petites et si imparfaites, qu'elles ne sont plus aptes à provoquer une fermentation énergique, quoiqu'elles aient encore à leur disposition les mêmes éléments nutritifs et stimulants que précédemment.

« Il existe des éléments minéraux qui sont en état de s'opposer à cette dégénération de la levure, et qu'on peut, par conséquent, considérer comme des matières alimentaires pour la plante de levure. Ces éléments minéraux des cendres, quoiqu'ils ne paraissent pas participer immédiatement à l'action chimique de la décomposition du sucre, lui sont toutefois indirectement utiles en ce qu'ils maintiennent la condition physiologique sans laquelle le phosphate de potasse ne pourrait pas agir dans la décomposition du sucre. Au nombre de ces éléments minéraux de la levure, il faut ranger le sulfate de magnésie et le phosphate de chaux qui, appliqués simultanément avec le phosphate de potasse, semblent satisfaire complétement au besoin que la levure peut avoir en éléments minéraux. Les expériences démontrent qu'avec emploi du sulfate de magnésie, c'est au sel magnésien qu'on doit attribuer une action spécifique, mais ces mêmes expériences n'ont pas encore décidé complétement si le sulfate ne jouerait pas aussi, dans ce cas, un rôle particulier. La même conclusion s'applique à la chaux, et de nouvelles expériences pourront seules décider si sa présence est inutile. »

M. Mayer a entrepris une seconde série d'expériences sur les aliments azotés de la levure, les échanges ou métastase de son azote.

Un extrait aqueux de levure fraîche provoque fortement, comme on sait, la fermentation, et en général on attribue spécialement cette circonstance aux substances albumineuses qui sont contenues dans la levure, M. Mayer a donc expérimenté un grand nombre de corps organiques, et même quelques corps inorganiques contenant de l'azote sous le rapport de leur capacité pour alimenter la levure au moyen de l'azote qu'ils renferment.

Déjà Colin et Thénard avaient trouvé que quand on chauffe de l'albumine sucrée, celle-ci n'éprouve que faiblement et avec une extrême lenteur la fermentation, et M. Pasteur avait définitivement constaté que, si on ajoute une dissolution de sucre à l'albumine d'œuf fraîche, quelle que soit la quantité de levure de bière qu'on lui mélange, on ne parvient pas à la faire fermenter.

Les recherches de M. Mayer ont démontré de même que la plupart des substances organiques azotées (1) qui se rapprochent le plus de l'albumine, ne sont capables, qu'à un faible degré, de provoquer la fermentation

(1) Caséine, albumine, caféine, guanine, créatine, créatinine, fibrine, urée, allantoïne, asparagine, sulfate d'aniline et d'autres encore.

alcoolique, et par conséquent constituent un aliment imparfait pour alimenter la plante de la levure.

Cette conclusion s'applique principalement à ces corps organiques azotés qui présentent la composition la plus compliquée et sont relativement pauvres en oxygène, tandis que les substances fortement oxydées qui se rapprochent des composés ammoniacaux paraissent bien plus propres à servir à l'alimentation de la levure. La plupart des substances qui, dans cette direction, ont été essayées, ont paru constituer un sol élémentaire très-bien approprié pour l'acide acétique et la production d'un organisme très-voisin du *mycoderma aceti*, production qui, presque dans tous les cas, a été suivie de la formation d'acide acétique.

Les résultats de M. Mayer semblaient être, jusqu'à un certain point, en contradiction avec les assertions de M. Pasteur sur la capacité alimentaire des substances albumineuses de l'eau où l'on a fait tremper de la levure. Il devait donc y avoir une autre classe de substances organiques azotées qui dans le moût de bière, dans le moût de raisin et dans tous les liquides entrant promptement en fermentation, par exemple, certains éléments de l'extrait de levure (que M. Pasteur désigne à tort sous le nom d'albumineuses) qui devaient constituer un aliment plus énergique pour la levure. M. Mayer a conclu que ces substances sont celles auxquelles on a attribué les propriétés catalytiques, tels que la diastase, la ptyaline, la pepsine, etc.

Maintenant, des expériences spéciales ont démontré, par exemple, que la pepsine était éminemment propre à alimenter la levure de l'azote dont elle peut avoir besoin. Partant de cette conclusion, M. Mayer résolut d'étudier avec plus d'attention la matière de la levure de bière qui opère sous le rapport d'une manière analogue à la pepsine. Déjà M. Pasteur, dans la préparation de l'acide succinique et de la glycérine, avait découvert de la manière déjà indiquée, dans les liqueurs fermentées un corps (ou plutôt un mélange de plusieurs substances) insoluble dans l'alcool, soluble dans l'eau, et azoté, et l'avait présenté comme une matière alimentaire azotée pour la levure, et d'autant plus efficace en cela que la levure était plus active dans les liquides d'où on avait retiré ce mélange extractif. M. Mayer a réussi à préparer ces matières extractives de la levure de bière fraîche par un moyen approprié. Il a constaté qu'elles présentaient une richesse de 4 pour 100 d'azote et démontré que c'était un sel ammoniacal, mais qui ne dépassait pas comme matière alimentaire de la levure les effets de la pepsine.

Voici maintenant les conclusions que M. Mayer a tirées de cette seconde partie de ses recherches :

« Les matières albumineuses sont de pauvres aliments pour la levure et peut-être même ne le sont-elles que dans la mesure où elles peuvent abandonner de l'ammoniaque par voie de décomposition. Par conséquent, la levure considérée comme plante ne se comporte pas dans son absorption de l'ammoniaque d'une manière analogue à celle des plantes d'un ordre plus élevé, car malgré qu'il y ait aux dépens des sels ammoniacaux nutrition normale qui, toutefois, n'est pas très-énergique, cette plante est incapable de s'alimenter aux dépens de l'acide azotique, source principale de l'azote pour les plantes d'un ordre plus élevé.

« Il paraîtrait toutefois qu'il existe un groupe de corps organiques renfermant de l'azote qui sont un aliment extrêmement puissant pour la levure. Ce sont ces mêmes corps auxquels on a attribué précédemment les actions mystérieuses de fermentation et auxquels on les attribue encore aujourd'hui. Quant à la pepsine qui représente principalement ce groupe, on peut très-bien démontrer qu'elle possède une grande puissance nutritive en ce qui concerne la levure comme plante.

« Pendant la fermentation, il s'opère simultanément un échange ou transport de l'azote qui est démontré par ce fait que les matières extractives azotées de la levure épuisée sont incapables de servir d'aliment à la levure. Cet échange est la cause de l'épuisement de la levure. »

Les phénomènes des fermentations et de l'action des ferments ont donc donné lieu, comme on le voit, dans les derniers temps, à des débats pleins d'intérêt entre les chimistes et les physiologistes. Quatre explications ont été proposées :

1° La théorie physiologique qui en fait une conséquence de la vie des cellules de levure de bière et un résultat du fonctionnement de ces organismes.

2° La théorie qui localisait le pouvoir destructeur exercé sur le sucre, l'attribue au liquide que contiennent les cellules de levure et qu'elles laisseraient exsuder dans la liqueur sucrée.

3° La théorie de Berzelius qui voit dans la fermentation une des applications de la force dite catalytique, c'est-à-dire une action de contact.

4° La théorie de M. Liebig qui la considère comme e

une décomposition chimique produite par influence au moment où le ferment tombe en pourriture.

En soumettant l'acte même de la fermentation à des expériences étendues et faites avec le plus grand soin, et par conséquent en cherchant à vérifier l'exactitude de chacune de ces explications, M. Dumas, dans une communication faite en 1872 à l'Académie des Sciences, est arrivé aux conclusions suivantes qui jettent une grande lumière sur ce phénomène si intéressant.

« Aucun mouvement chimique excité dans une liqueur sucrée n'a paru capable, dit ce chimiste, d'amener la conversion du sucre en alcool et acide carbonique, comme l'avance M. Liebig. Les mouvements produits par la fermentation elle-même ne sont transmis à distance sensible, ni au travers d'un liquide quelconque aqueux, oléagineux ou métallique, ni à travers les membranes les plus minces et ne passent pas même d'une couche à l'autre de deux liquides superposés.

« L'opinion de Berzelius est contredite par le fait que, dans un grand nombre de cas et sous l'influence de certains sels, la levure, le sucre et l'eau peuvent rester en présence, sans qu'il y ait fermentation, quoique le sucre ait été interverti d'abord par la levure comme à l'ordinaire.

« La fermentation simple, celle qui a lieu entre le sucre, la levure et l'eau, en raison du nombre infini de centres d'action qui la déterminent, constitue un phénomène susceptible d'être régularisé et mesuré à la manière d'une réaction chimique.

« Sa durée est exactement proportionnelle à la quantité de sucre contenue dans le liquide.

« Sa marche est plus lente dans l'obscurité.

« Elle est plus lente aussi dans le vide.

« Pendant la fermentation, il ne se produit pas d'oxydation. Au contraire, le soufre se change en hydrogène sulfuré.

« Les gaz neutres ne modifient pas le pouvoir de la levure.

« Les acides, les bases, les sels peuvent exercer une influence accélératrice, retardatrice, troublante ou destructive, mais l'action accélératrice du pouvoir de la levure est rare.

« Les acides très-affaiblis ne le changent pas; mais à dose élevée, ils le détruisent.

« Les alcalis très-affaiblis retardent la fermentation; plus abondants, ils la suppriment.

« Les carbonates alcalins ne l'empêchent qu'à dose très-élevée.

« Les carbonates terreux ne l'empêchent pas.

« Les sels neutres de potasse, le borate de soude, le savon, les sulfites, les hyposulfites, le tartrate neutre de potasse, l'acétate de potasse permettent l'analyse physiologique de la levure et de sa manière d'agir, de même que certains sels neutres ont permis d'effectuer l'analyse physiologique du sang et celle de ses fonctions.

« La fermentation alcoolique peut donc être étudiée comme une action chimique quelconque, mais c'est un phénomène chimique provoqué par les forces de la vie et non une réaction produite par les seules forces de la physique et de la chimie.

« L'examen attentif des changements que les cellules de la levure de bière éprouvent lorsqu'elle est soumise à l'action de divers agents ne peut guère laisser de doute sur le rôle de la levure. Lorsque la fermentation est activée par l'intervention du bitartrate de potasse, par exemple, les cellules de levure sont nettes, bien circonscrites, remplies d'une matière plastique renfermant des corpuscules brillants, très-mobiles ; elles émettent des bourgeons nombreux. La fermentation est-elle languissante, ce qui arrive sous l'influence des sels de fer et de manganèse, par exemple, les cellules de levure paraissent contractées, framboisées, grenues, ridées, sans bourgeons récents. La fermentation est-elle nulle, comme c'est le cas avec le cyanure de potassium ou de fortes doses d'acide ou d'alcali, les parois des cellules sont amincies, leur intérieur est diffus, les points brillants, immobiles, et aucun bourgeon ne s'est développé. »

Voici encore quelques données empruntées aux expériences de M. Dumas.

Quand on délaie dans 800 centim. cubes d'eau, 160 gram. de levure et, d'autre part, dans 80 cent. cubes d'eau, 4 gram. de glucose, 40 gram. de levure font disparaître 1 gram. de glucose en 16 minutes au plus ; mais 40 gram. de levure détruisent 1 gram. de sucre candi ou de canne en 34 minutes au plus.

La levure de bière possède toujours une réaction acide, et si on essaie de saturer l'acide libre qu'elle contient avec l'eau de chaux, on reconnaît que la neutralité obtenue n'est que momentanée. La réaction acide se manifeste de nouveau en moins de 5 minutes, et ce n'est qu'après 3 à 4 additions de la liqueur alcaline amenant chaque fois la neutralité provisoire qu'on obtient une neutralité un peu stable.

A la dose de 1/2000, le sulfate de cuivre détruit le pouvoir d'agir comme ferment que possède la levure de bière, et, au contraire, à la dose de 1/40000, il ne trouble pas la fermentation, et celle-ci s'accomplit jusqu'à la disparition complète du sucre.

Au milieu de ce conflit d'opinions dans la question de la fermentation, dit M. Paul Schutzenberger, dans un mémoire publié en 1874 sur la levure de bière, viennent se placer des opinions mixtes. « C'est ainsi, dit-il, que M. Berthelot considère la fermentation comme le produit d'une substance élaborée par les organismes-ferments, comparant en cela les fermentations alcoolique et lactique à la conversion de l'amidon en dextrine et en sucre sous l'influence de la diastase (ferment soluble non organisé). Ce chimiste a cherché à appuyer son opinion en prouvant que dans certains cas, il peut y avoir formation d'alcool sans formation de levure.

« Mais si on admet généralement aujourd'hui avec M. Pasteur, en France du moins, que les fermentations sont produites par la vie d'êtres organiques, il reste encore à rechercher la relation peu précise entre le phénomène chimique et les fonctions physiologiques de l'organisme-ferment, et tout ce qui a été écrit et avancé pour résoudre cette question, manque de contrôle expérimental.

« Il n'est douteux pour personne que dans les cellules organiques et vivantes, soit qu'elles existent isolées comme celles de la levure, soit qu'elles fassent partie intégrante d'un être plus compliqué, réside une force spéciale capable de produire les réactions chimiques, dans des conditions tout autres que celles où nous devons nous placer dans nos laboratoires pour provoquer des résultats du même ordre. Cette force, qui dans notre pensée est tout aussi matérielle

que le calorique, nous révèle son activité par des décompositions chimiques. En ramenant le problème à
l'action catalytique, ainsi que l'a fait Berzelius, d'un
produit soluble élaboré par le ferment, on ne fait
donc faire aucun progrès à la question, il est tout
aussi simple de supposer que le ferment tout entier
exerce une action de ce genre qui, en fin de compte,
ne peut être qu'un mouvement communiqué.

« L'idée émise par M. Pasteur que les cellules de
levure provoquent un ébranlement de la molécule de
sucre en lui enlevant une partie de son oxygène, est
fondée sur le fait bien constaté que la levure absorbe
rapidement l'oxygène dissous dans le milieu liquide
où elle vit ; mais elle tient difficilement devant l'expérience montrant que les fermentations en présence
de l'oxygène sont plus actives que celles à l'abri de
cet agent. J'ai démontré dans un travail fait en commun avec M. le docteur Quinquaud que dans des
conditions de température données, les cellules de levure ont une puissance absorbante constante pour
l'oxygène dissous, que celle-ci ne varie pas avec la
quantité d'oxygène mise en présence de la levure
à un moment donné ; que, d'un autre côté, il est très-
probable que la levure mise en contact simultané
avec du sucre et un excès d'oxygène satisfera à cette
puissance respiratoire plutôt aux dépens de l'oxygène
libre que de l'oxygène combiné dans le sucre. Si donc
on voit malgré la présence de l'oxygène libre et en
excès, la fermentation alcoolique se produire et même
devenir plus active que dans un milieu désoxygéné,
il faut en conclure que la théorie ou plutôt l'hypothèse de M. Pasteur est contraire aux faits. »

C'est, nous croyons, le cas de rappeler ici un travail

entrepris récemment par M. Brefeld, chimiste allemand, sur la question de la fermentation alcoolique
avec ou sans air. Nous empruntons ce que nous allons dire à ce sujet à un résumé que M. Millardet,
professeur à la faculté des sciences de Nancy, a fait
de ce travail intéressant.

Si on s'attache à résumer les opinions de M. Pasteur sur la physiologie de la levure et de la fermentation, on peut les formuler ainsi qu'il suit :

« La fermentation est un phénomène corrélatif de
la vie, c'est le résultat non-seulement de la présence
du ferment au sein de la matière fermentescible, mais
aussi celui de sa végétation et de son accroissement
dans ce milieu. Lorsque la levure de bière placée dans
un liquide sucré trouve à sa disposition, à l'état libre,
l'oxygène nécessaire à ses besoins, elle s'en empare, et,
dans ce cas, il y a un peu de sucre détruit, peu d'alcool
et d'acide carbonique formés. Mais si l'oxygène libre
lui fait défaut, elle attaque le sucre pour s'en procurer.
Une partie de l'oxygène de la molécule de sucre sert
à entretenir la végétation de la levure, tandis que les
autres éléments de la molécule se réunissent dans
d'autres combinaisons et forment notamment de l'a-
cide carbonique, de l'alcool, de la glycérine, etc. La
levure de bière et les ferments en général n'ont pas
besoin d'oxygène libre pour parcourir les diverses
phases de leur développement; ils jouissent de la
propriété d'emprunter l'oxygène à diverses combinaisons. »

Dans ce court aperçu, on distingue deux faits. Le
premier, c'est la végétation, l'accroissement de la levure dans le liquide qui fermente. Le second, c'est
l'absence d'oxygène libre dans ce même liquide fer-

mentant et où la levure se développe. L'explication du concours de ces deux faits dans l'acte de la fermentation, c'est la théorie de la fermentation. La théorie n'a plus de bases, et tombe pour peu que l'un des faits soit inexact, et d'après les recherches récentes de M. Brefeld, ils le sont l'un et l'autre.

« La question fondamentale, dit M. Brefeld, est celle-ci : la cellule de la levure peut-elle réellement s'accroître en l'absence de l'oxygène libre? Existe-t-il sur les derniers degrés de l'échelle organique une classe d'êtres qui, comme le pense M. Pasteur, soient capables de vivre d'oxygène à l'état de combinaison, de se nourrir et de se multiplier dans des conditions d'existence absolument contraires à celles qui sont communes à tout le reste des êtres vivants?

« Répondre à cette question n'est pas facile. Il est nécessaire de suivre pour cela, par l'observation, une seule et même cellule de levure, en ayant soin d'exclure du liquide ambiant jusqu'aux dernières traces d'oxygène libre. Afin de donner aux expériences toute la précision nécessaire, j'ai eu soin de contrôler chacune par une expérience parallèle dans laquelle de la levure de bière de même origine était soumise en même temps à l'observation faite au milieu de circonstances identiques du reste, mais dans les conditions normales d'existence, c'est-à-dire avec libre accès de l'oxygène de l'atmosphère. »

Nous ne reproduirons pas ici le détail des expériences minutieuses et délicates que M. Brefeld a entreprises pour résoudre la première question posée ci-dessus, et nous nous contenterons de rappeler la conclusion à laquelle il est parvenu et qu'il formule ainsi :

« La conclusion naturelle et précise des expériences décrites, c'est que la levure de bière ne peut pas s'accroître en l'absence de l'oxygène libre. »

La seconde question que M. Brefeld se propose de résoudre est celle-ci : « La levure qui ne s'accroît pas, qui n'a plus à sa disposition d'oxygène libre, peut-elle déterminer la fermentation dans une solution de sucre? »

Les expériences variées faites par l'auteur lui ont permis de conclure avec certitude que « la levure qui ne s'accroît pas, est capable de produire la fermentation. »

Ces cellules de levure qui ne s'accroissait pas, étaient cependant encore très-vivantes, et le sédiment examiné au microscope se montra composé pour la plus grande partie de cellules encore vivantes, mais dans un état particulier où lorsqu'on les a placées dans l'eau, elles ont recouvré bientôt leur aspect normal; en soumettant une portion de ce même sédiment à l'essai d'une culture normale, l'auteur a vu l'accroissement des cellules de levure se faire, il est vrai, plus lentement, que cela n'a lieu habituellement, mais, en tout cas, presque toujours après quelques heures.

M. Brefeld fait enfin remarquer que cette même levure mise à deux fois successives dans une nouvelle solution de sucre, a produit encore chaque fois une fermentation; cependant, à chaque fois, la fermentation a diminué d'intensité, et à cette diminution correspondait une augmentation du nombre de cellules frappées de mort. C'est donc la cellule de la levure vivante, mais non en voie d'accroissement qui, dans les cas qu'on a considérés, possède la propriété de déterminer la fermentation; cette propriété disparaît à sa mort.

M. Pasteur avait, comme on l'a vu, reconnu le pouvoir que possède la levure d'absorber l'oxygène et d'émettre de l'acide carbonique, en un mot de respirer, et a même fondé sur ce fait une théorie de la fermentation. MM. Schutzenberger et Quinquaud, grâce à un nouveau mode de dosage imaginé par le premier de ces savants et M. Ch. Risler, qui permet de déterminer avec une grande rigueur et en quelques minutes l'oxygène dissous dans moins de 50 centimètres cubes de liquide, ont pu, par des expériences multipliées, constater les faits suivants :

« La levure de bière n'offre que le phénomène d'absorption d'oxygène avec production d'acide carbonique. Toutes choses égales d'ailleurs, l'intensité respiratoire est la même dans l'obscurité, à la lumière diffuse et à la lumière directe; elle est proportionnelle au poids de la levure employée. La dose initiale d'oxygène dissous n'influe sensiblement sur les résultats que lorsqu'elle descend au-dessous de 1 centimètre cube par litre de liquide. On constate, dans ce cas, une faible diminution dans le pouvoir absorbant, qui ne s'épuise que lorsque l'eau est complétement désoxygénée. La respiration de la levure est d'autant moins active, que celle-ci est plus altérée et plus ancienne. La température a une très-grande influence sur le pouvoir absorbant; à peu près nul au-dessous de 10° C., il s'accroît lentement jusque vers 18° environ; à partir de là, l'augmentation est rapide; à 35° environ, l'intensité respiratoire atteint un maximum qui se maintient sensiblement jusqu'à 50°; à 60° le pouvoir absorbant est annulé et détruit.

« En résumé, dit M. P. Schutzenberger, nous pouvons nous former l'opinion suivante sur la levure :

« C'est un organisme vivant, simple, constitué par une cellule isolée. La paroi de cette cellule est de nature végétale hydrocarbonée, le contenu liquide et granuleux renferme des matières albuminoïdes animales. Cette cellule respire en absorbant de l'oxygène et en dégageant de l'acide carbonique. Dans des conditions convenables (*même en l'absence de sucre*), elle peut se multiplier par voie de bourgeonnement; la respiration favorise notablement la multiplication qui a cependant lieu sans le concours de l'oxygène libre, mais avec moins d'intensité. La multiplication exige la présence de sels minéraux (phosphates) et de certaines matières azotées assimilables; la présence des matières sucrées lui est favorable sans être indispensable.

« Lorsque la levure est placée dans un milieu sucré, elle révèle son activité vitale par la fermentation; conservée à l'état humide, à l'abri de l'oxygène et du sucre, son activité vitale détermine des réactions chimiques qui modifient ses propres principes.

« Je pense que M. Pasteur est dans le vrai en subordonnant la fermentation alcoolique à la *présence* de cet organisme, mais il n'est pas tout à fait d'accord avec les faits établis par ses propres expériences, lorsqu'il n'y voit qu'une conséquence du *développement* et de la *multiplication* des globules. »

Les expériences de M. Pasteur ont encore établi ce fait curieux que dans les fermentations alcooliques, en présence des sels et de matières azotées assimilables, telles que celles que renferme l'eau de lavage de la levure, le poids de la levure après la fermentation, plus les produits solubles, déduction faite de la glycérine et de l'acide succinique, dépasse environ de 1 pour 100 du poids du sucre fermenté le poids de la levure et des parties solubles initiales.

On observe un phénomène absolument semblable lorsqu'on fait fermenter une solution de sucre avec un poids donné de levure. Si au poids de la levure récoltée, on ajoute celui des parties solubles que contient le liquide qui a fermenté et qu'on en déduise aussi le poids de la glycérine et de l'acide succinique, on trouve constamment un excès de 1 pour 100 du poids du sucre sur celui de la levure qui a été employée à provoquer la fermentation.

Si la quantité de levure primitive est au-dessous de 10 pour 100 du sucre, on recueille plus de levure après la fermentation qu'on n'en a ajouté; on en recueille au contraire moins quand cette levure a été au-dessus de 10 pour 100, parce qu'alors le poids des matières qui entrent en solution est supérieur à celui de la nouvelle levure.

M. Pasteur conclut de ces observations que dans toute fermentation alcoolique, avec ou sans la présence des matières azotées assimilables, il y a formation de nouveaux globules qui se nourrissent partie aux dépens du sucre, aliment non azoté, et partie aux dépens des matières azotées solubles de l'ancienne levure ou des matières azotées du milieu où s'opère la fermentation.

ARTICLE III. — PRODUITS DE LA FERMENTATION.

Les expériences de Lavoisier, et plus tard celles de Gay-Lussac, avaient simplement démontré que les substances sucrées se décomposaient, sous l'influence de la fermentation, en alcool, en gaz acide carbonique et une petite quantité d'un acide organique. En 1847, M. C. Schmidt de Dorpat démontra qu'un acide qu'on rencontre dans presque tous les liquides fermentés, dans les solutions sucrées, le vin, etc., était de l'acide succinique. Cette découverte a été depuis confirmée par les recherches de M. Pasteur, qui datent de 1856 à 1859 ; ce chimiste a, de plus, constaté que parmi les produits de la fermentation, il fallait compter aussi la glycérine, mais que, dans tous les cas, la levure ne prenait aucune part à cette formation de l'acide succinique et de la glycérine qui empruntent leurs éléments uniquement au sucre.

Mais l'alcool, l'acide carbonique, l'acide succinique et la glycérine ne sont pas encore les seuls produits qui se forment pendant la fermentation du sucre, et les chimistes ont démontré récemment qu'une portion de sucre, sous l'influence de certaines circonstances, était employée dans la fermentation alcoolique à produire une substance organique contenant de l'azote, et de plus, qu'il s'y formait encore une matière grasse et de la cellulose. Suivant M. Bechamp, l'acide acétique serait un produit constant et primaire de la fermentation alcoolique, et d'après MM. Dumas, Dubrunfaut et Pasteur, il en serait de même de l'acide lactique.

Dans toute fermentation où figurent des matières amylacées, il y a production d'acide lactique en plus ou moins grande quantité. Cet acide lactique paraît même indispensable au développement abondant de la levure. Seulement, il doit y avoir un rapport entre la quantité présente de cet acide et cette production abondante de levure.

Quand l'acide est peu abondant, on obtient plus d'alcool et moins de levure. C'est l'expérience qui a révélé ces faits qu'on a cherché à mettre à profit.

Sous l'influence des ferments, il est présumable que le glucose ou la maltose peut se transformer en galactose ou sucre de lait qui donne naissance à l'acide lactique; ou bien la levure de bière fait développer de la mannite.

M. D. Reischauer, de Munich, a trouvé que l'on peut obtenir de quelques sortes de malt une quantité importante de mannite, tandis que d'autres malts n'en donnent aucune trace.

Quoique par une oxydation modérée on puisse obtenir un sucre fermentescible avec la mannite, il faut cependant en éviter, autant qu'il est possible, la formation, puisqu'il est indubitable qu'elle se forme aux dépens du glucose, et que, par elle-même, elle n'est pas susceptible d'éprouver la fermentation alcoolique.

Enfin, parmi les produits de la fermentation, il conviendrait encore de ranger quelques homologues de l'alcool éthylique, tels que l'alcool propylique primaire, l'alcool isobutylique, l'alcool amylique qu'on rencontrerait constamment dans certains liquides sucrés, comme les moûts de raisin, de betteraves et de grains, alcools qui concourent comme produits primaires selon les uns, secondaires selon les autres, à la composition de fusels divers.

M. Ludwig dit aussi avoir trouvé de la triméthylamine dans le vin, et M. J. Oser, dans une solution fer-

mentée de sucre de canne très-pur, un alcaloïde particulier.

Ainsi, en résumé, la fermentation des matières
sucrées donne lieu à la formation des produits suivants, qui empruntent leurs éléments en totalité ou
en partie au sucre :

1° Alcool; 2° acide carbonique; 3° glycérine; 4°
acide succinique; 5° cellulose; 6° matière grasse; 7°
substance organique renfermant de l'azote provenant
des matières protéiques; 8° acide acétique; 9° acide
lactique.

Il y aurait en outre quelques produits de la fermentation qui tireraient leur oxygène des éléments
azotés de la levure, tels seraient la triméthylamine,
un alcaloïde de la formule $C^{13} H^{20} N^4$ et de la mannite.

Maintenant que nous avons constaté par une sorte
d'analyse qualitative les produits de la fermentation,
il convient de les doser quantitativement.

C'est M. Pasteur qui a entrepris de doser quantitativement les produits de la fermentation, et d'après
lui, voici ceux qui résultent de la fermentation alcoolique de 100 parties en poids de sucre de canne.

	Parties en poids.
Alcool.	51.10
Acide carbonique.	49.20
Glycérine.	3.40
Acide succinique.	0.65
Cellulose et autres substances non dosées entrant dans la composition de la levure.	1.30
	105.65

Or, comme 100 parties de sucre de canne fournissent 105.263 parties aussi en poids de sucre interverti, on voit que la somme des produits ci-dessus se rapproche sensiblement de celle du sucre qui a subi l'interversion. M. Pasteur fait remarquer que la proportionnalité entre les divers produits particuliers de la fermentation n'est pas constante, et que la quantité de ceux-ci peut varier entre certains minimum et maximum qui n'ont pas encore été fixés, si ce n'est peut-être pour la glycérine qui peut varier entre 2.5 et 3.60 pour 100, et pour l'acide succinique entre 0.5 et 0.70 pour 100. Quant aux causes de ces variations, M. Pasteur pense qu'il se forme d'autant plus de glycérine et d'acide succinique et d'autant moins d'alcool, que la fermentation se prolonge davantage, qu'elle a lieu avec de la levure épuisée et moins jeune qui trouve peu d'aliment ou bien une alimentation peu propre à la multiplication des cellules. La fermentation par ensemencement en présence d'une quantité plus que suffisante de matières albumineuses et minérales qui conviennent à la nature des cellules, donne lieu à la formation de moins de glycérine et d'acide succinique, et à plus d'alcool, du moins avec les moûts des matières amylacées.

Faisons remarquer encore qu'une petite proportion d'acide dans la liqueur paraît diminuer aussi les quantités de la glycérine; c'est ce qui arrive, par exemple, dans le cas où il se forme un peu de levure lactique.

Le même savant a établi également par des preuves décisives que, non-seulement il ne se forme pas d'ammoniaque pendant la fermentation alcoolique, ainsi qu'on l'avait cru avant ses expériences, mais que l'ammoniaque ajoutée à des moûts en fermentation disparaît pour contribuer à la formation des cellules du ferment, matière riche en principes azotés.

Il a démontré, en outre, que la levure alcoolique peut se multiplier dans un milieu composé de sucre pur, en solution aqueuse, d'un sel d'ammoniaque et des cendres frittées de levure ou des phosphates alcalins et terreux, entre autres ceux de potasse et de magnésie. Nous verrons par la suite comment ces propriétés ont été mises à profit.

Les milieux minéraux sucrés paraissent plus aptes à nourrir les bacteries et la levure lactique et d'autres productions inférieures que la levure de bière elle-même. Par exemple, dit M. Pasteur, ces milieux se remplissent facilement de divers organismes quand on les expose au contact de l'air, tandis qu'on n'y voit pas naître les levures alcooliques, surtout au début des expériences. Ces levures alcooliques peuvent s'y former lorsque les milieux ont déjà donné naissance à d'autres productions organisées, qui ont modifié la composition de ces milieux par l'apport de leurs matières albuminoïdes propres à la vie de la levure.

Quand nous nous sommes occupé des réactions diverses entre la levure et l'eau, nous avons constaté que dans la fermentation alcoolique il devait aussi intervenir des réactions intérieures qui donnaient lieu, outre l'alcool, l'acide carbonique, la glycérine, l'acide succinique, à la formation d'autres produits tels que la leucine, la tyrosine, la sarcine, la carnine, la xanthine, la guanine, etc., mais ces produits ayant peu d'intérêt dans la fabrication de la levure et en général dans les fermentations alcooliques, nous nous bornons ici à les mentionner.

ARTICLE IV. — INSTRUCTIONS PRATIQUES
SUR LA FERMENTATION.

Afin de bien se rendre compte du phénomène de la fermentation, on doit chercher à s'éclairer d'abord sur les modifications qu'éprouvent les matières sucrées quand on les soumet à l'action d'un ferment, ou plutôt constater en premier lieu quelle est leur capacité fermentescible.

Les premiers chimistes qui se sont occupés de la fermentation ont parfaitement constaté que dans cette opération le sucre se convertit principalement en alcool et en acide carbonique, mais ils n'ont pas recherché quelle était la nature du sucre susceptible de fermenter, ou si le sucre de canne ordinaire ne subissait pas, avant de fermenter, une transformation qui le rendait susceptible de se décomposer sous l'influence du ferment.

Déjà, en 1828, MM. Dumas et Boulay avaient cherché à démontrer que les rapports quantitatifs qu'on avait découverts entre le sucre, l'alcool et l'acide carbonique, n'étaient corrects et applicables qu'aux sortes de sucres représentés par la formule $C^{12} H^{12} O^{12}$, mais non pas aux sucres dont la composition était $C^{12} H^{11} O^{11}$, et ils en concluaient que le sucre de canne n'était pas susceptible comme tel de fermenter directement sans qu'au préalable il ne se soit emparé des éléments d'une molécule d'eau.

Deux années plus tard, M. Dubrunfaut découvrit qu'il se formait pendant la fermentation du sucre de canne, une sorte de sucre incristallisable, peu de temps après que Persoz eut observé que le plan de polarisation qui tournait à droite dans une solution de sucre de canne avant la fermentation, s'en écartait à mesure que celle-ci faisait des progrès et finalement tournait ce plan à gauche.

A la même époque, Biot avait reconnu la transformation de la saccharose ou sucre de canne qu'on a désignée depuis par l'expression d'inversion, lorsqu'on faisait agir sur ce sujet un acide étendu. La marche chimique de ce phénomène fut alors étudiée par **M.** Dubrunfaut, qui démontra qu'une molécule de saccharose se dédoublait par l'addition d'une molécule d'eau en une molécule de dextrose (sucre de raisin), et en une molécule de lévulose (sucre de fruit). **M.** Berthelot a constaté que cette transformation pouvait s'effectuer par une substance soluble dans l'eau contenue dans la levure qu'il a considérée comme nécessaire au développement de la fermentation alcoolique. Cette transformation est opérée, d'après **M.** Buignet, par un ferment particulier contenu dans les fruits, ce qui explique la présence du sucre de fruit ou interverti dans la plupart des fruits. Aussi aujourd'hui ces chimistes s'accordent-ils à reconnaître que la saccharose n'est pas susceptible de fermenter directement, et que pour qu'elle en devienne capable il faut qu'elle soit préalablement transformée.

Ceci bien compris, nous passons à l'exposé des connaissances que la pratique a fait connaître, et nous commencerons par nous occuper de la levure, agent principal de la fermentation.

Le distillateur, avant de mettre en levain, doit tout particulièrement s'assurer de la bonne qualité de celle-ci. D'abord cette levure doit être parfaitement saine et pure ; elle ne doit manifester aucun symptôme de fermentation putride ni contenir une forte proportion de cellules qui soient mortes, épuisées ou dépourvues de vitalité, soit par des lavages trop multipliés, une extrême dilution ou des altérations spontanées, toutes circonstances où la levure donne souvent lieu à une fermentation lactique.

C'est surtout à la levure de dépôt que s'appliquent les recommandations précédentes. Cette levure renferme en effet une plus grande quantité de cellules épuisées que celle superficielle, et tout en l'appliquant en proportion beaucoup plus forte que cette dernière, il faut veiller à ce qu'elle soit de qualité irréprochable.

La levure dont se servent les distilleries est utilisée dans ces établissements sous trois états différents, celui de bouillie ou levure fraîche, celui de pâte, et à l'état sec.

Dans les grandes distilleries qui peuvent préparer elles-mêmes les levures dont elles ont besoin, ou dans les établissements voisins d'une brasserie, on emploie assez généralement la levure à l'état de bouillie ou liquide, état sous lequel elle est le plus efficace et le plus propre à la fermentation des moûts de grain.

Dans les distilleries d'une moindre importance ou dans celles éloignées des lieux où on fabrique de la bière, où le transport de la levure en bouillie serait dispendieux et chanceux, on fait plus volontiers usage de la levure en pâte ou pressée plus ou moins ferme qui, sous un petit volume, voyage plus aisément et se conserve plus facilement.

Quant à la levure sèche qui, par la dessiccation même, a été dépouillée d'une grande partie de ses propriétés, on ne doit y avoir recours que dans les localités fort éloignées ou dans les temps chauds où il serait difficile de se procurer les autres levures sans courir de grands risques. Ce qui la déprécie encore, c'est que de toutes les levures, c'est celle qu'on peut sophistiquer le plus aisément sans qu'à première vue on puisse déceler la fraude.

Quand une levure a vieilli, ou est devenue un peu trop aigre parce qu'elle a été conservée par des moyens imparfaits, ou a été affaiblie par une cause quelconque, on peut la raviver par divers moyens. Ainsi, on la débarrasse de son aigreur en la délayant et la lavant à plusieurs reprises dans de l'eau bien fraîche. La levure a une telle vitalité que les lavages l'affaiblissent peu. Quant aux levures vieilles ou imparfaitement conservées, on parvient à leur rendre à peu près leur vigueur première en les délayant 24 heures avant de s'en servir dans un moût de grain peu concentré et tiède, afin de développer un commencement de fermentation ou plutôt de multiplication des globules de levure avant de les verser dans les cuves à fermentation.

La levure qu'on veut ajouter au moût a besoin de recevoir une certaine préparation afin d'en assurer la bonne distribution, d'en régler l'action et de l'économiser.

Pour cela on la fait passer à travers un tamis en toile métallique dans 15 fois son poids de moût, et on verse le tout dans la cuve à fermentation, ou mieux, on délaye cette levure dans du moût chaud qu'on laisse, à une douce température, éprouver un commencement de fermentation et ou verse le tout dans la cuve, ou enfin on mélange cette levure à 50 fois son volume de moût des bacs à refroidir, et on laisse se développer un commencement de fer-

mentation pendant que ce moût achève de se refroidir sur ces bacs, et on ajoute à celui-ci celui qui a
commencé à fermenter.

Dans la fabrication de la bière on distingue deux
périodes de fermentation, à savoir : la *fermentation
principale* qui se fait dans la cuve-guilloire et la *fermentation secondaire* qui s'opère dans les tonneaux.

Dans l'industrie de la fabrication de l'alcool et de
la levure, on ne pratique que la fermentation principale, et c'est la seule qui doit nous occuper dans ce
manuel.

La fermentation principale, quand la proportion du
glucose contenu dans le moût est convenable, se développe énergiquement dans la masse; le développement de l'acide carbonique est la plupart du temps
tumultueux, de façon que les cellules de la levure
basse qui sert à mettre en levain sont maintenues
flottantes, et que celles de la levure haute qui se développent, sont portées à la surface où on peut les enlever. Cette effervescence s'affaiblit peu à peu, la levure
basse gagne le fond, et le moût fermenté est en état
d'être distillé. Tels sont les phénomènes généraux de
la fermentation.

La levure nécessaire pour établir la fermentation a
besoin d'être bien délayée et intimement distribuée
dans le moût. Ordinairement, avons-nous dit, on délaie
la levure dans du moût (1 kilog. de levure dans 10 à 15
litres de moût), et on verse le mélange dans le moût
de la cuve-guilloire. Le moût est ainsi mis en levain.
On peut aussi laisser reposer dans un lieu modérément
chaud la levure délayée, et ne l'ajouter au moût que
quand il s'y est développé un commencement de fermentation ; ou bien enfin, prélever une certaine por-

tion de moût encore chaud sur le bac refroidissant (50 litres pour 1 litre de levure), et après qu'il est descendu à la température convenable et qu'il est en fermentation, verser le tout dans la cuve-guilloire.

La quantité de levure qu'on ajoute au moût détermine une fermentation plus ou moins prolongée. La température à laquelle on fait fermenter exige aussi des quantités variables de levure. La densité du moût est encore un facteur auquel il faut avoir égard. Enfin la qualité de la levure doit aussi en faire varier la proportion. Nous reviendrons plus bas sur ces diverses circonstances.

Assez généralement on se sert de cuves-guilloires depuis 20 jusqu'à 40 hectolitres en bois de chêne ou de sapin bien sain, qu'on doit maintenir constamment dans un état parfait de propreté. Il en est de même de la chambre à fermentation où l'on doit entretenir en outre une douce ventilation et une température de 18° à 20° C.

La fermentation des moûts présente des phénomènes extérieurs qui dépendent de l'action chimique qui s'exerce à l'intérieur. Mais quelques influences étrangères tendent aussi à en modifier la marche générale; telles sont les variations dans la pression atmosphérique, la température extérieure, l'état hygrométrique de l'air, le brouillard, etc.

La fermentation haute exige une température plus élevée; et aussi a-t-elle une marche plus rapide. Elle produit plus d'écume, il se rassemble à la surface une plus grande quantité de levure qu'on peut recueillir, et le moût d'abord clair se trouble peu à peu par suite de la formation de la levure.

Au moment où l'on introduit la levure dans le

moût, elle tombe au fond; mais à partir de ce moment la décomposition du glucose commence. L'acide carbonique qui se développe est absorbé d'abord et dissous dans ce moût, en quantité qui dépend de la température. La cuve semble en repos, mais elle travaille; et bientôt après le moût ne pouvant plus dissoudre d'acide carbonique qui se forme en abondance, les bulles de celui-ci montent à la surface où elles forment une écume blanche crèmeuse; les bulles s'emparent des matières qui flottent dans le moût, y adhèrent, les rendent spécifiquement plus légères et les remontent avec elles à la surface; l'écume qui était d'abord blanche brunit un peu par l'action de l'air : le mouvement qui s'était produit à l'intérieur du liquide diminue d'intensité, l'écume plonge au fond, la température du liquide s'abaisse et dès lors le sucre est en grande partie converti en alcool.

Tels sont les phénomènes spéciaux de la fermentation alcoolique, mais nous devons les étudier avec un peu plus de détails dans chacun de ses modes.

Quand un moût a été préparé suivant les règles et mis comme il convient en levain, la fermentation se déclare au bout d'une heure. On voit en premier lieu apparaître sur le bord et dans divers points de la surface, une écume blanche qui ne tarde pas, en 3 heures environ, à s'étendre sur toute la surface du moût. Cette écume disparaît au bout de 5 à 6 heures, et on voit apparaître la surface découverte du moût. Il s'est formé alors un chapeau peu épais, qui insensiblement entre en mouvement. L'acide carbonique qui se dégage le soulève légèrement, puis il se brise et s'enfonce un peu; mais le dégagement continu du gaz le relève bientôt, cela à plusieurs reprises. La température du moût s'est, après 10 à 12 heures, élevée de 4° à 5° C., et c'est alors que le mouvement commence à être plus prononcé ; le dégagement de l'acide carbonique est plus vif, la fermentation, au bout de 22 à 24 heures, est à son apogée, et le plus grand échauffement de 15° à 16° C. se montre à peu près au bout de 28 à 30 heures. Les phénomènes de la fermentation qui avaient suivi une marche ascendante pendant leur développement, en suivent une inverse pour s'apaiser peu à peu; et plus la marche de la fermentation a été de temps en pleine énergie, plus on peut compter sur un fort rendement en alcool. Plus la cuve aura développé d'écume et en aura déversé au dehors, moins il faudra compter sur un fort rendement.

Si la cuve a fermenté sous ce chapeau, la levure était trop faible, car une cuve même un peu refroidie brise son chapeau, et pour peu que la levure soit de bonne qualité le rendement est encore assez bon. La fermentation marche, il est vrai, un peu plus lentement, mais elle n'en est que plus intense.

Les phénomènes de la fermentation ne sont pas tout à fait les mêmes quand on a pour objet principal la production de l'alcool, soit celle de la levure, soit enfin une combinaison qui fournit ces deux produits en même temps avec une certaine abondance.

Quand on veut obtenir un fort rendement en alcool sans production de levure, on fait usage de moûts clairs et très-dilués. Dans ce mode de fermentation on distingue deux périodes. Dans la première de ces périodes il se dégage du gaz acide carbonique qui produit bientôt à la surface une mousse légère et blanche qui, comme une couronne, garnit les bords de la cuve. Le dégagement de cet acide qui devient de plus en plus abondant remonte à la surface les impuretés, les enveloppes et les matières solides qui flottaient dans le liquide, et les soutient à la surface pour former ce qu'on appelle le chapeau. Dans cette période, la chaleur de la cuve s'élève de plus en plus.

Dans la seconde période, le dégagement du gaz diminue peu à peu, le chapeau devient compacte, se crevasse, diminue de volume et enfin s'immerge dans le liquide. A ce moment la fermentation principale approche de son terme, quoiqu'elle se poursuive encore lentement. Dans cette seconde période la chaleur diminue, et la cuve tend à se mettre en équilibre de température avec l'air ambiant.

Dans la fermentation avec production de levure, les phénomènes ne sont pas beaucoup différents, seulement on opère à moûts plus denses et moins dilués.

Dans la fermentation avec production de levure on peut donc distinguer trois périodes assez bien tranchées :

1° La période qu'on a surnommée *écumeuse* qui se développe peu de temps après qu'on a mis en levain et se poursuit pendant quelque temps, en produisant une certaine quantité d'écume qui remonte le long des parois de la cuve. Dans cette période le ferment qu'on avait ajouté se trouve détruit.

2° La période de reproduction de la levure, dans laquelle par suite des progrès du mouvement qui a commencé, il se forme un chapeau bombé au milieu, qui a réuni les matières solides et les impuretés qui flottaient dans le moût, et les a portées à la surface. Quand on brise ce chapeau on voit qu'il est remplacé par une écume blanche, crémeuse où se développent des végétations cryptogamiques, visqueuses, jaunâtres qui brunissent par le contact de l'air. C'est l'indice que l'action vitale de la levure commence à se manifester; et dans cette manifestation il y a une élévation de la température du moût de plusieurs degrés.

3° Dans la troisième période, celle de décroissance, le développement végétatif qui, dans la période précédente, avait eu lieu avec énergie, se ralentit peu à peu, le chapeau s'affaisse et est remplacé par une couche jaunâtre et visqueuse qui indique le terme de la fermentation alcoolique. La reproduction de la levure a été d'environ cinq fois plus considérable que celle qui avait été ajoutée d'abord.

Dans les deux premières périodes la chaleur a été en augmentant, tandis qu'elle décroît peu à peu dans la troisième. D'ailleurs le terme de ces deux périodes est assez bien marqué par le dégagement abondant de l'acide carbonique et l'élévation de la température du moût, tandis que celui absolu de la troisième n'est marqué que par la cessation complète du dégagement de cet acide, terme d'ailleurs qu'on n'a pas l'habitude d'attendre complétement dans une distillerie, et qui peut donner lieu à des pertes.

Dans la pratique on a toujours remarqué que la bonne végétation de la cellule de levure ne dépendait pas seulement de la température du moût, mais aussi de la nature de celui-ci; c'est-à-dire selon que le moût a été fabriqué avec un malt pâle ou brun.

C'est un fait connu que les moûts préparés avec un malt brun ou fortement séché, doivent être attaqués plus énergiquement pour obtenir une fermentation régulière; c'est-à-dire qu'ils doivent à température semblable, être mis en levain avec plus de levure, parce que la décomposition du malt est bien plus longue ; les moûts de malts pâles au contraire se décomposent plus rapidement et ont besoin de moins de levure.

L'expérience démontre que les moûts de malt brun supportent pendant la fermentation principale une température un peu plus élevée que ceux de malt pâle. Ces derniers peuvent, par contre, en fermentant à la température basse, produire cependant une bonne formation de levure.

Nous avons dit que la température à laquelle on mettait en levain avait une certaine influence sur la fermentation, et voici ce que l'observation a appris :

Le phénomène de la fermentation est renfermé entre certaines limites de température qu'il ne faut pas dépasser si on veut se maintenir dans les conditions les plus avantageuses. On sait par exemple que la fermentation alcoolique est à peu près nulle ou du moins fort peu sensible à la température de 0° du thermomètre centigrade, qu'elle commence à se manifester, mais avec une marche bien lente, à 6° à 7° ; qu'à 10° son mouvement se prononce avec un peu plus de force, que de 20 à 25° elle se développe avec énergie et peut même encore s'opérer à 40°, quoiqu'il ne soit pas prudent de la pousser au-delà de 30°, parce qu'alors elle devient tumultueuse, difficile à régler et donne aisément lieu à la formation abondante d'acide acétique, d'acide lactique ou à la fermentation visqueuse ou putride. Il en résulte que la bonne fermentation alcoolique se trouve renfermée entre 10° et 30° de l'échelle du thermomètre centigrade.

Ainsi ces limites sont celles entre lesquelles on doit maintenir le local des cuves-guilloires et les masses liquides que celles-ci renferment ; seulement il faut bien faire attention que pendant que la fermentation s'accomplit, la température de ces masses s'élève d'elle-même à raison de l'action chimique ou des phénomènes de vitalité qui ont lieu à leur intérieur. Si donc on portait au moment où l'on mettrait en levain le moût à la limite de température la plus élevée, il en résulterait que pendant la fermentation la température de la masse liquide deviendrait trop considérable, qu'on dépasserait le but et que le rendement serait moins avantageux.

D'un autre côté il faut avoir aussi égard à la masse de liquide qui fermente. Plus cette masse est volumineuse, plus elle s'échauffe, et plus elle est peu considérable, moins la réaction chimique peut en élever la température ou même plus les agents physiques extérieurs peuvent la refroidir.

La conséquence pratique de ces considérations c'est qu'il convient de mettre des moûts en levain à des températures qui sont en raison inverse de leur volume ; que si la masse est considérable, la température initiale doit être plus basse que quand on doit faire fermenter une cuve d'une capacité moindre.

M. Dubrunfaut, dans son ouvrage sur la *fermentation*, a cherché à fixer les températures initiales auxquelles il croit qu'on doit abaisser les moûts avant de les mettre en levain, suivant que ces moûts forment un volume plus ou moins considérable.

C'est ainsi que pour une cuve de :

5 hect., cette température doit être de	25°	à	28° C.
10 hect. —	—	20°	à 25°
20 hect. —	—	15°	à 20°
30 à 100 hect. et au-dessus. —	—	12°	à 15°

D'un autre côté, P. Duplais, dans son *Traité des*

liqueurs et de la distillation, après avoir fait la remarque que la chaleur se conserve mieux dans une grande masse que dans une petite, que la fermentation développe elle-même de la chaleur à raison de la décomposition rapide du sucre qui est toujours en rapport avec sa masse, qu'il convient, dès-lors, d'élever d'autant plus la température que la masse à fermenter est plus petite, ajoute, qu'en général et sauf quelques exceptions, la chaleur doit être :

Pour une cuve de 10 hectolitres de. . 25° à 30° C.
   —   —   20   —   20° à 25°
   —   —   40   —   18° à 20°
   —   —   60   —   15° à 18°
   —   —   100 hect. et au-dessus. 12° à 15°

La question de la température de la mise en levain étant ainsi réglée, voyons maintenant quelle peut être l'influence de la densité du moût sur la fermentation.

L'eau étant, comme on sait, un dissolvant puissant, il est bien évident que si elle est abondante dans un moût, elle mettra le sucre dans un plus haut degré de dilution, et par conséquent ses molécules, ainsi divisées plus aisément en contact avec le ferment qui doit en opérer la décomposition. Il y a long-temps qu'on a observé que la dilution des moûts, portée à un certain degré, était nécessaire à une bonne fermentation. On avait remarqué, par exemple, qu'un sirop concentré, c'est-à-dire un liquide chargé d'un excès de sucre, ne pouvait pas donner lieu à une bonne fermentation, et on a même pensé que c'était la formation de l'alcool qui arrêtait la décomposition du sucre. D'un autre côté, il y a aussi un terme à la dilution, et au delà d'une certaine mesure, il est très-difficile de déterminer une fermentation active et une conversion totale du sucre en alcool, sans compter que cette dilution entraine à des frais considérables de main-d'œuvre et de combustible pour extraire l'alcool du moût.

Mais quelle doit être la proportion la plus avantageuse d'eau qu'il convient d'employer pour donner au sucre du moût le degré de dilution nécessaire?

C'est à cette question que P. Duplais, que nous avons cité plus haut, a cherché à répondre par des expériences qu'il a entreprises en 1854. Ces expériences faites avec soin ont porté sur cinq cuves de 25 hectolitres chacune, la température a été pendant toute la durée de l'expérience de 20° C. On a déposé dans chaque cuve 300 kilog. de mélasse de raffinerie de sucre candi occupant un volume de 215lit.42, et on a ajouté des quantités d'eau croissant de cuve à cuve. Les résultats obtenus sont ceux consignés dans le tableau qui suit :

NUMÉROS des cuves.	NOMBRE de litres contenus dans la cuve.	DENSITÉ du mélange au pèse-sirop.	NOMBRE de jours qu'a duré la fermentation.	RENDEMENT en alcool à 100°.	PROPORTION centésimale en alcool pur pour 300 kilog. de matière.
1	600	15°	8	78lit.75	26.25
2	750	12°	5	83 . 55	27.85
3	1000	9°	3	90 . 45	30.15
4	1500	6°	2	93 . 15	31.05
5	2250	4°	1	93 . 90	31.30

Les conclusions qu'on peut tirer de ce tableau sont évidentes; ainsi, par exemple, plus les moûts ont été dilués, plus la fermentation s'est développée avec rapidité, et plus aussi elle a été complète. Ainsi, quand on a étendu les 215 lit. 42 de mélasse avec la quantité d'eau suffisante pour former 600 litres, la fermentation s'est accomplie en huit jours, et n'a produit que 78 lit. 75 d'alcool à 100 degrés centésimaux, tandis que lorsque la dilution a été portée jusqu'à 2250 litres, la fermentation était terminée au bout de quatre jours en produisant 93 lit. 90 d'alcool.

Faisons remarquer, toutefois, qu'il ne serait pas prudent, ou du moins économique, de pousser cette dilution au-delà de celle indiquée, parce qu'on retarderait probablement la fermentation et qu'on éléverait sans mesure les frais de distillation.

On peut donc en conclure qu'il doit y avoir un degré de dilution qui, avec les matières qu'on traite, la manière dont on opère, la température, etc., doit être la plus avantageuse et la plus rémunératrice; c'est à chacun à rechercher quels sont le degré de dilution et la température qui lui fournit le plus fort rendement ou le produit d'une plus haute valeur.

Si on consulte la pratique en ce qui concerne la distillation des matières amylacées, on trouve des pays où l'eau de macération et de dilution n'est en poids que 3 fois celui du grain; d'autres où l'on a adopté les proportions de 8, 9 et 10 fois en eau le poids du grain. Dans tous les pays, tels que la Belgique, la Prusse, l'impôt étant basé sur la capacité et la contenance des cuves-guilloires et non pas sur la densité des moûts, les bouilleurs, pour éviter en partie les charges qui pèsent sur eux, donnent une grande densité à leurs moûts, mettent en levain avec des ferments très-actifs et à haute température, tandis que dans d'autres pays, tels que l'Autriche et l'Italie, les distillateurs jugent plus utile à leur intérêt d'étendre beaucoup leurs moûts, de mettre en levain à une température très-élevée avec beaucoup de levain, et d'obtenir ainsi une fermentation rapide qui leur permet de renouveler plus souvent leurs opérations.

Enfin, une chose qu'il faut ne pas perdre de vue en ce qui concerne la dilution des moûts, c'est, comme on l'a déjà dit, que ceux très-dilués occasionnent des frais plus élevés à la distillation, qu'ils laissent une plus grande quantité de vinasses qui sont embarrassantes si on n'en a pas l'emploi, et que les résidus ont moins de valeur pour l'alimentation du bétail.

On a dit aussi que dans la fermentation on devait mesurer convenablement la levure. Relativement à cette question, il faut faire attention que la quantité de levure dont on doit user pour mettre en levain, dépend de la nature, de la qualité de ce ferment, de l'effet qu'on veut produire, de la température, etc. Une levure en pâte et pressée doit, sous le rapport du poids ou du volume, provoquer une fermentation aussi énergique qu'un poids ou un volume plus considérables de levure liquide ou en bouillie. Une levure de bonne qualité n'a pas besoin d'être aussi abondante qu'une levure faible, et qui, par des circonstances particulières, a déjà perdu une partie de son énergie. La température à laquelle on met en levain, règle également la proportion de celui-ci : plus elle est élevée, moins il faut de levure et réciproquement. L'effet qu'on veut produire est encore une condition à laquelle on doit avoir égard. Si on veut une fermentation rapide et énergique, il faut mettre en levain avec une plus forte proportion de levure que dans les cas contraires. La saison influe aussi sur la mise en levain, et c'est au printemps et en été que les ferments sont les plus actifs et les plus propres à mettre les levures en mouvement. Enfin un moût riche, où la levure trouve une alimentation plus abondante, permet à une petite quantité de se multiplier avec plus de puissance que dans un moût pauvre, et, par conséquent, d'y produire une fermentation complète, ce qu'elle ne pourrait opérer dans un moût pauvre en sucre.

Voyons ce que la pratique peut avoir enseigné relativement à la proportion de la levure.

MM. Balling et Habich considèrent que 5 parties de bonne levure suffisent pour mettre 10,000 parties de moût en fermentation, mais que suivant la qualité de cette levure on peut l'élever jusqu'à 10 et même 16 parties. En France on emploie souvent 20 parties de levure pour 10,000 parties de moût au printemps, 30 en automne et 35 en hiver, mais c'est une levure liquide.

En général, la quantité de levure pour un brassin de 10 hectolitres varie de 3 à 5 litres pour la levure liquide, et de 1 kilog. 50 à 2 kilog. pour la levure pressée ; l'une et l'autre supposées de bonne qualité.

Voici encore quelques chiffres donnés par M. Habich dans son *Ecole du Brasseur*, p. 324.

	Litres de levure.
En Bohême, pour 10000 litres de moût, on prend	5
En Hollande — — —	38
En Angleterre, jusqu'à — —	100

Mais en Angleterre les moûts sont bien plus concentrés qu'en Bohême, et la levure vient flotter bien plus rapidement à la surface.

A Schiedam, en Hollande, où l'on produit des quantités considérables de belle levure, on sait que 1 1/2 pour 100 de cette levure est une quantité suffisante pour transformer 100 parties de sucre en alcool et en acide carbonique.

Plus généralement on considère dans la pratique que 2 parties de levure de bonne qualité ordinaire prise à l'état sec, opèrent complètement le dédoublement de 100 parties en poids de sucre.

Quant à la reproduction de la levure, on admet communément pour la bière forte de Paris qu'une quantité de levure en pâte ou pressée qui peut varier entre 265 et 400 grammes par hectolitre, donne 6 à 7 fois son poids de levure en pâte; c'est-à-dire depuis 1 kilog. 600 jusqu'à 2 kilog. 800. Dans une expérience faite en Allemagne sur un moût qui contenait 12,9 pour 100 en extrait, on a trouvé que 48 hectolitres de moût mis en levain avec 400 grammes de levure, en tout 19 kilog. de levure, ont fourni 112 kilog. de levure en bouillie, c'est-à-dire 2 kil. 333 par hectolitre de levure qui, à 21 pour 100 de matière sèche, réprésente 0 kil. 490 de levure sèche.

Le rapport de la production de la levure à celle de l'alcool est considéré comme étant de 1 à 23 ou à 25, mais bien des circonstances peuvent faire varier ce rapport.

La durée de la fermentation dépend si intimement de la densité du moût, de la température de la cuve, lors de la mise en levain et pendant tout le temps où elle est en travail, de la qualité de la levure et de son activité, de sa proportion et peut-être encore de quelques phénomènes physiques et chimiques qu'il est difficile de la fixer d'une manière précise. Par exemple, en Angleterre où l'on travaille à moût clair dans la fabrication du wisky et où l'on met en levain à 22 ou 23° C., la fermentation dure suivant les circonstances 4, 5 et même 6 jours. En Allemagne et en Hollande où l'on travaille à moût dense et où l'on met en levain à 25° ou 28°, elle ne dure pas plus de 36 à 40 heures. En Belgique, en Autriche etc., où l'on met en levain à 28° en été, 30° à 32° au printemps et 32° à 34° en hiver avec un levain très-énergique, la fermentation arrive à peu près à son terme en moins de temps encore.

Citons un exemple de la durée de la fermentation haute pour le porter anglais. Le moût marquant 17,5 pour 100 au saccharomètre et à la température de 17°,5 C. est amorcé avec 70 litres de levure pour 10,000 litres de moût et voici la durée des phases, les phénomènes, le degré de leur température et ceux du saccharomètre dans ces diverses phases.

TEMPS en heures.	PHÉNOMÈNES APPARENTS de la fermentation.	TEMPÉRATURE en degrés centigrades.	DEGRÉS centésimaux du saccharomètre.
12	Ecume légère. . . .	16 00	16.8
24	Ecume plus épaisse. .	17.65	15.7
36	Jet faible de levure. .	21.00	12.0
44	Jet de levure dense. .	21.00	10.0

Du reste on ne peut guère déterminer à l'avance la durée d'une fermentation, puisque, comme nous l'avons vu, bien des circonstances peuvent influer sur son développement, son énergie ou sur sa langueur, et ce qu'il y a de mieux à faire et qu'on pratique dans les distilleries, est d'avoir recours au saccharomètre dont nous ferons connaître à la fin de ce chapitre le principe, le mode d'emploi.

La fermentation ne marche pas toujours d'une façon aussi régulière; parfois elle met plus de temps à s'accomplir ou bien elle s'opère avec une énergie dangereuse. Dans l'un et l'autre cas, il faut chercher à la ramener à son allure normale.

Lorsque la fermentation languit dans une cuve, par exemple lorsque la cuve est trop froide, on peut en relever la température par une addition d'eau bouillante ou de moût chaud, par une injection de vapeur, par la circulation de la vapeur dans un serpentin ou bien en chauffant le local où se trouve la fermentation. Si cette langueur était due à un levain faible, on en augmenterait la proportion ou on le remplacerait par un plus fort.

Lorsqu'on a mis en levain, qu'on a fait partir la fermentation, il arrive parfois que celle-ci se développe avec une telle énergie, qu'il se forme d'abondantes écumes ou mousses qui s'élèvent au-dessus des bords de la cuve et peuvent se déverser au dehors.

Pour éviter cet accident, on asperge la surface des cuves avec un balai trempé préalablement dans une dissolution de savon ou dans un mélange d'huile et d'eau battus ensemble et formant une émulsion.

Si la fermentation devient tumultueuse; si la cuve s'emporte et déverse la mousse au dehors, on la calme par une aspersion d'eau froide, par de la glace qu'on y plonge, ou en établissant des courants d'air qui refroidissent le local et la cuve.

Parfois on réussit à ranimer une fermentation languissante en faisant plonger le chapeau dans le moût et en agitant le mélange, mais ce moyen est peu efficace et trouble le travail de la cuve.

En général, il faut éviter les températures élevées parce que, d'une part, il y a évaporation de l'alcool qui s'est déjà formé, et de l'autre parce qu'à de semblables températures les moûts paraissent plus disposés à passer à la fermentation acétique.

M. Pasteur, à la suite d'expériences nombreuses, avait cherché à faire prévaloir l'opinion que le contact de l'air n'était pas nécessaire au développement de la fermentation. Après lui, M. Hoffmann avait cru pouvoir également conclure d'expériences qui lui étaient propres, que l'air n'était pas indispensable pour que le phénomène de la fermentation s'établisse; que celle-ci était au contraire plus complète et se prolongeait davantage lorsque la liqueur était couverte d'une couche d'huile; seulement dans ce cas la quantité d'alcool produit aussi bien que celle du sucre décomposé était beaucoup moindre.

Ces assertions qui paraissent provenir d'une confusion dans laquelle on n'a pas tenu compte de toutes les circonstances dans lesquelles on a opéré ou des résultats plus ou moins complets qu'on a obtenus, n'ont pas beaucoup intéressé la pratique; néanmoins elles ont rencontré de nombreux contradicteurs qui ont fait remarquer avec raison que tout organisme qui vit et qui respire a besoin du contact de l'oxygène, et que si la levure végète dans un liquide approprié

quand on lui refuse de l'air, sa multiplication s'arrête
bientôt et ne dépasse pas certaines limites ; que la
fermentation remonte la levure à la surface précisé-
ment pour la faire respirer et pour favoriser son bourgeonnement ; qu'on s'oppose à toute fermentation
ultérieure quand on fait le vide dans le vase où fermente un liquide, etc.

D'un autre côté, M. Lemaire dit avoir reconnu que
dans des tubes fermés pendant 15 mois, dans lesquels étaient des substances organiques éminemment
propres à la fermentation, aucun phénomène de ce
genre n'est apparu. M. Lemaire en conclut que la
fermentation et la putréfaction ne peuvent avoir lieu
en vases clos.

Si dans quelques pays on juge encore à propos de
couvrir les cuves, c'est simplement dans le but de
s'opposer à une déperdition d'alcool déjà formé.

La plupart des physiologistes ont démontré que
dans la fermentation des matières amylacées il se
forme constamment, même dans les brassins les mieux
conduits, une petite quantité d'acide lactique. La
plupart des distillateurs de grains considèrent cette
formation comme généralement nuisible à un bon
rendement en alcool de leurs cuves; mais il n'en est
pas de même des distillateurs qui fabriquent en même
temps de la levure: pour eux, au contraire, la présence de l'acide lactique, en certaine proportion, leur
paraît indispensable pour obtenir un produit irréprochable. Suivant eux, l'acide lactique modère le développement irrégulier et impétueux de cette levure,
il permet à celle-ci de se développer plus lentement,
de se multiplier plus abondamment, et par conséquent de donner un produit supérieur et plus consi-

dérable. Il a en outre pour effet de s'opposer au développement de fermentations secondaires toujours nuisibles et souvent désastreuses. Quoi qu'il en soit, la
pratique a depuis longtemps confirmé cette opinion et
nous verrons qu'elle a été adoptée dans tous les pays
renommés pour la production d'une belle levure.

Mulder indique quelques règles pratiques qu'il est
bon de rappeler ici.

Le moût préparé avec du malt fortement touraillé
exige une quantité de levure plus forte que celui préparé avec du malt faiblement touraillé.

Plus la levure que l'on ajoute est fraîche, plus la
fermentation suit son cours régulier.

Plus la température de l'air est basse, plus est grande
la quantité de levure qu'on doit ajouter pour produire la fermentation.

Parfois on ajoute en une fois toute la quantité de
levure qu'il est nécessaire ; quelquefois on l'ajoute
peu à peu, suivant que la fermentation marche régulièrement ou non.

Si la fermentation haute n'est pas assez vive, et si
le moût ne contient pas assez de levure, on peut, en
ajoutant une petite quantité de malt moulu en fine
farine, augmenter la production de la levure.

Si la fermentation est trop vive, on peut à plusieurs
reprises enlever la levure formée toujours en excès
pour amortir un peu l'action.

La levure de malt vert est considérée en Allemagne
comme la plus propre à mettre en fermentation les
brassins de grain. La mise en levain de ces moûts se
fait à 15° à 20° C., mais on connaît nombre d'exemples
où on met en levain à une température bien plus
élevée. Du reste cette mise en levain dépend, comme

on l'a déjà dit, de la température du local et de la grandeur des cuves, etc., et dans quelques pays on met souvent en levain sur le bac refroidissoir un peu avant d'en faire écouler le moût.

Nous croyons qu'on lira ici avec intérêt quelques réflexions sur la fermentation qui ont été inspirées à M. Siemens, savant professeur à l'Institut agronomique de Hohenheim.

La fermentation dans les distilleries a pour objet, avant tout, de déterminer une décomposition complète du sucre déjà présent, et de celui qui peut se former pendant cette opération, et sa transformation en alcool et en acide carbonique. Cette décomposition complète est soumise à l'influence de la température lors de la fermentation, et à la nature de la levure ou du ferment.

« La température, on peut l'élever à tel degré qu'on veut ou qu'on le juge convenable, seulement il faut faire attention que dans le moût de grain, l'alcool, par suite de la présence simultanée de proportions plus fortes de substances azotées portées à une haute température et de l'accès de l'air, se transforme très-aisément en acide acétique, ce qui est d'autant plus à craindre que la température du moût se rapproche de celle où il y a fermentation acétique, c'est-à-dire de 32° à 36° C. Il faut donc avoir soin de rafraîchir le moût si on veut que dans le travail lui-même de la fermentation on ne coure le danger d'atteindre ces températures dangereuses.

« Les grandes cuvées qui s'échauffent plus fortement lors de la fermentation ont besoin dès lors d'être rafraîchies et ramenées à plus basse température que les petites ; mais indépendamment du degré de la température, la nature du levain détermine aussi une transformation plus ou moins complète du sucre. La levure superficielle se montre, dans cette circonstance, plus efficace que celle de dépôt, et une plus forte proportion de cette dernière n'égale même pas entièrement la première dans son action.

« Les distillateurs allemands sont convaincus que le levain qui opère le plus énergiquement est un moût déjà en état de fermentation, surtout lorsqu'il renferme une grande quantité de ferment ; par exemple, celui qu'on prépare avec un malt moulu bien pur, et comme le cas se présente quand on introduit un moût préparé et amené avant de s'en servir à un léger degré d'aigreur.

« La préparation normale et l'emploi d'un semblable levain a permis, suivant ces distillateurs, d'obtenir même dans les moûts concentrés de grains une décomposition complète du sucre et aussi le prépare-t-on aujourd'hui dans la plupart des distilleries allemandes bien organisées ; toutefois, comme son emploi est soumis à la condition que le moût n'arrivera qu'à un degré d'aigreur bien déterminé et que le levain sera appliqué bien à propos et en temps opportun, cet agent de fermentation ne peut être recommandé que dans les établissements où l'on travaille avec soin, ordre et méthode. Si on ne réunit pas ces conditions, il vaut mieux faire usage de bonne levure de bière ou de distillerie liquide ou en bouillie, que de levure en pâte ou sèche.

« Même quand on fait usage de levure de bière pure, on doit recommander de la mélanger avec une petite quantité de moût chaud et de l'ajouter au moût qu'on veut faire fermenter avant d'étendre le moût rafraîchi, seulement il ne faut pas que le chauffage dépasse 25° C.

« Dans le travail avec une fermentation et une température aussi basse, les phénomènes qui surgissent diffèrent de ceux dont on est témoin avec des moûts plus étendus et plus chauds. Tandis que dans ceux-ci, le plus généralement au bout de peu de temps, le chapeau formé par les enveloppes du grain est percé par une levure en écume, ce qui exige plus de temps pour la montée et la fermentation, on remarque que par l'addition d'un levain aigri et un moût concentré, il y a à peine élimination de levure et rejet d'enveloppes ; la masse entière prend bientôt après la mise en levain, l'aspect d'une crème ou de petites bulles claires d'acide carbonique qui apparaissent à la surface, éclatent promptement avec bruit.

« Au bout de 24 heures, la fermentation régulière est dans sa plus grande activité et elle est terminée en 3 fois 24 heures ou le quatrième jour après la mise en levain. Le dégagement du gaz a cessé alors entièrement et la température du moût s'abaisse peu à peu jusqu'à celle du cellier où l'on opère.

« Au moment où on a mis en levain ainsi que lorsque la fermentation est arrivée à son terme, on a dû rechercher par le saccharomètre la proportion de l'extrait dans le moût ; c'est là le moyen de constater le degré de la fermentation. Balling a cru devoir en déduire le rendement qu'on peut attendre en alcool, mais sa conclusion paraît équivoque, parce que chacun sait que la formation du sucre ou la conversion de l'amidon en empois se poursuit encore pendant la fermentation et que la proportion du sucre dans le moût est ainsi difficile à doser exactement. Toutefois, en observant les indications du saccharomètre avant et après la fermentation du moût on peut en déduire quelques données utiles sur la marche de cette importante opération. »

Nous avons précédemment décrit les phénomènes du développement successif de la fermentation, mais ceux-là ne se présentent pas toujours avec les caractères qui leur ont été assignés et ne suivent pas une marche normale; en un mot, les cuves-guilloires sont, par des circonstances qu'il n'est pas toujours facile d'apprécier ou de combattre, exposées à éprouver des perturbations dans leur allure. Ces sortes de perturbations ont reçu différents noms suivant les phénomènes qu'on y observe, et nous allons passer en revue les principales.

Fermentation sauvage. — Cette fermentation est très-difficile à faire disparaître, et pour cela il est indispensable d'établir un système complet d'assainissement de la distillerie et de tous les ustensiles, de blanchir à la chaux toutes les parois de la chambre à fermentation, même d'aller jusqu'à recommencer à nouveau toutes les opérations comme au commencement d'une campagne, avec de la levure neuve. Si le mal provient du malt imparfaitement touraillé, ou de l'introduction'd'un excès de grain cru, il faut agir en conséquence. Si elle est due à un excès d'acide, il faut saturer celui-ci.

Les praticiens ont assigné à la fermentation sauvage des caractères qui diffèrent en quelques points.

Les uns disent que cette espèce de fermentation consiste principalement en ce qu'aussitôt la mise en levain, il se développe une effervescence considérable, la cuve-guilloire déborde, la matière est déversée au dehors

puis bientôt la fermentation se ralentit et s'éteint en
laissant la moitié du sucre sans être décomposée.

D'autres disent qu'en premier lieu, la cuve-guilloire
s'échauffe beaucoup; que le moût fermente d'abord
sans se recouvrir d'un chapeau; qu'il se soulève et
retombe. L'écume qui se forme est visqueuse et tenace,
l'acide carbonique a de la peine à se dégager parce
que ses bulles ne crèvent pas, et le moût remonte
constamment sur les bords, au point que la cuve paraît
au tiers vide; puis tout à coup le moût retombe dans
la cuve et la fermentation cesse complétement. Dans
cette marche, la formation de l'acide acétique a lieu
rapidement, attendu que la cuve est à une température élevée. Depuis le moment de la mise en levain
jusqu'au développement le plus complet de la fermentation, cette chaleur est de 18° à 20° C. Le rendement en alcool est pauvre et en rapport avec ce genre
imparfait de fermentation.

Cette fermentation très-incomplète est due principalement à la malpropreté, à l'impureté de l'eau et
à la mauvaise qualité des pommes de terre, quand on
les fait entrer dans les brassins. Si on ne peut combattre ces dernières circonstances, il faut bien prendre son parti avec cette fermentation sauvage, mais
la propreté, la proportion exacte dans l'état acide de
la levure et du moût, peuvent modifier un peu cette
forme de la fermentation et donner un meilleur rendement.

La *fermentation intermittente* n'a lieu généralement que par défaut d'acidité dans la levure et le
moût; elle se présente avec les caractères suivants :
elle reste en suspens pendant quelques jours, puis
elle reprend son activité et ainsi de suite. Parfois c'est

aussi aux pommes de terre qu'on est obligé d'attribuer cet effet, surtout quand on travaille des tubercules qui ont végété sur des sables noirs, tourbeux ou des prairies basses. Il faut dans ce cas augmenter la proportion de la matière amylacée, mais même avec ce remède, la fermentation n'est jamais totale, et il y a toujours quelques points de la surface de la cuve-guilloire qui restent *chauves*, c'est-à-dire où l'on aperçoit la surface découverte du moût. Si on a veillé à ce qu'il règne une bonne acidité mesurée à l'acidimètre et une grande propreté, la fermentation marche plus régulièrement. Si une fermentation intermittente se déclare, l'emploi du lait aigre, qu'on distribue à la surface de la cuve, la fait disparaître en un quart d'heure. Le rendement en alcool n'est jamais mauvais, au contraire, les premières cuves à fermentation intermittente donnent un produit assez élevé.

3° La *fermentation paresseuse* ou *acétique* se montre souvent à la suite de la fermentation sauvage. La cuve-guilloire reste parfois pendant 40 heures immobile et morte, sans présenter le moindre indice de fermentation. La fermentation acétique est le dernier terme du phénomène.

4° La *fermentation matte* se montre sous deux faces, tantôt avec chapeau, tantôt avec surface du moût complétement découverte. Le chapeau est souvent très-épais et composé de toutes les matières, enveloppes ou autres présentes dans le moût. Cette fermentation n'est pas assez puissante, même à son plus haut degré de développement, pour rompre le chapeau. Il faut donc de temps à autre, pour la faire disparaître, briser ce chapeau pour donner quelque vie à ce moût. On enlève en outre avant de rompre ce chapeau, par exemple de 3 à 4 hectolitres de matières solides et d'enveloppes, on y ajoute 2 kilog. de levure pressée, et en même temps on prépare avec la levure qu'on emploie ce jour-là, une espèce de *levure rouge* dont on donnera par la suite la composition qu'on ajoute au taux de 1 hectolitre environ avec la levure pressée dans la cuve toujours en brassant. La fermentation devient ainsi plus active. Le rendement en alcool est meilleur que si on n'avait pas eu recours à ce moyen.

La cause de cette fermentation matte est souvent une levure sans énergie, un local à basse température, des pommes de terre imparfaitement cuites ou gelées, qui donnent souvent un moût très-épais, ou bien des tubercules à végétation anormale, malsains, à tiges et à germes malades. Il est facile de remédier aux accidents provenant de ces dernières causes.

Les phénomènes de la seconde face sous laquelle se présente la fermentation matte sont différents. La cuve-guilloire ou plutôt le moût qu'elle renferme ne donne encore au bout de 4 à 6 heures aucun signe de vie, sa surface est découverte, sans chapeau, et ne présente aucun indice de fermentation. Enfin, la cuve commence à donner quelque signe d'une fermentation mais défectueuse. Si les cuves ont opéré auparavant énergiquement, il faut que ce soit quelque circonstance fortuite qui aura détruit l'énergie végétative de la levure, ou que la levure ait été trop froide lors de la mise en levain. Cette dernière circonstance est facile à faire disparaître en enlevant à la cuve un peu de moût, qu'on remplace par de l'eau à 50° C. et que deux aides brassent vivement avec des fourchets. On couvre alors la cuve avec des planches sur lesquelles on étale une couverture. Le rendement d'une semblable cuve est dans tous les cas très-compromis, car le réchauffement est fort imparfait et s'élève au plus à 6° ou 7° C., et par conséquent la fermentation est tout à fait imparfaite.

Même avec toutes les précautions possibles, il y a encore des circonstances qui entravent les opérations des distillateurs, mais ces circonstances se présentent très-rarement. Une perte totale de produit est à peu près impossible, car elle ne peut résulter que de moyens violents ou de la perversité de tierces personnes, mais alors elles ne sont pas imputables au distillateur.

On sait qu'on mesure le poids spécifique des liquides au moyen d'un instrument qu'on nomme un *aréomètre*, et on connaît dans l'industrie un assez grand nombre d'aréomètres portant les noms de leurs inventeurs, tels que ceux de Long, de Baumé, de Beck, de Stoppani, de Hermbstaed, de Twaddle, etc., qui ne sont guère en usage dans l'industrie de la distillation, où l'on préfère se servir d'un aréomètre centésimal, auquel on a donné le nom de *saccharomètre*.

Un aréomètre centésimal repose principalement, sous le rapport de la graduation, sur le principe général suivant :

Le poids spécifique de l'eau se modifie toujours par le mélange d'un autre corps. Une addition d'alcool rend ce liquide plus léger, une addition de sels, de sucre, etc., plus lourd. Lorsque, par des expériences, on a établi le rapport entre le poids spécifique d'un liquide et la proportion d'un corps qu'il tient en suspension ou en dissolution, on peut, par le poids spécifique, déterminer la proportion de ce corps qui est mélangé à ce liquide. Pour plus de simplicité, on indique sur l'échelle de l'instrument non plus le poids spécifique, mais la quantité correspondante en centièmes du corps mélangé, à la condition, toutefois, qu'il soit présent seul dans le liquide.

C'est ainsi que Balling a construit pour les solutions de sucre un aréomètre centésimal, qui est d'un usage général dans la distillerie.

Balling, à la suite d'expériences très-simples, a dressé le tableau suivant du poids spécifique de l'eau contenant diverses proportions de sucre de canne en dissolution, et y a ajouté le volume qu'occupent ces mélanges.

SUCRE en centièmes.	POIDS spécifique.	DEGRÉ volumétrique.	SUCRE en centièmes.	POIDS spécifique.	DEGRÉ volumétrique.
0	1.000	100.0	11	1.044	95.8
1	1.004	99.6	12	1.048	95.4
2	1.008	99.2	13	1.053	95.0
3	1.012	98.8	14	1.057	94.6
4	1.016	98.4	15	1.061	94.3
5	1.020	98.0	16	1.065	93.9
6	1.024	97.6	17	1.070	93.5
7	1.028	97.3	18	1.074	93.1
8	1.032	96.9	19	1.078	92.7
9	1.036	96.5	20	1.083	92.3
10	1.040	96.1			

Voyons comment on utilise ces instruments dans l'industrie de la fabrication de l'alcool.

Nous savons que les moûts qui fermentent diminuent de densité ou de poids spécifique à mesure que la décomposition de la matière sucrée ou du glucose fait des progrès. Cette diminution dans la densité, qu'on peut constater à l'aide du saccharomètre, a reçu le nom d'*atténuation*.

Il en résulte, comme conséquence, qu'on peut se servir du saccharomètre pour constater la marche de la fermentation principale, et nous avons donné précédemment un exemple de diverses atténuations d'un même moût produites par une même quantité de levure d'amorce.

Quand on s'est assuré de l'atténuation qui a eu lieu dans un moût, on a ce qu'on appelle le *degré de fermentation*.

Si donc on veut déterminer le degré de fermentation d'un moût qu'on a mis en levain, il faut avoir recours à une double opération :

1° Déterminer au saccharomètre la quantité d'extrait que renferme le moût avant la fermentation. C'est son degré saccharométrique primitif.

2° Renouveler cette détermination au moment où on pense qu'on est arrivé au terme de la fermentation, ou à diverses reprises pendant le cours de cette fermentation, afin de s'assurer de la marche de l'opération.

Pour faire usage du saccharomètre, on verse le liquide dont on veut constater le titre saccharométrique dans une éprouvette, liquide qu'on a ramené, autant qu'il est possible, à la température de 15° C. On y plonge l'instrument en le laissant doucement descendre par son propre poids, sans l'enfoncer ou le relever jusqu'au moment où il s'arrête de lui-même. On lit alors sur son échelle le point où il s'est arrêté, en remarquant qu'à raison du phénomène de la ca-

Levure.   17

pillarité le liquide remonte légèrement le long de la
tige. C'est le point le plus élevé qu'atteint le liquide
qui est le degré saccharométrique. Supposons qu'on
a un moût où en y plongeant le saccharomètre, celui-ci s'est arrêté au chiffre 12.

Ce moût étant arrivé, à ce qu'on présume, au terme
de la fermentation, on en prend également un litre,
on le filtre pour en séparer la levure, les parties non
fermentées, les enveloppes, etc., qui y flottent, on l'a-
gite fortement pour en chasser l'acide carbonique,
on l'amène à la température normale de 15° C., et
enfin on y plonge de nouveau le saccharomètre. Ad-
mettons que l'instrument marque 3.8.

Il en résulte que dans le moût dont il s'agit, la fermentation a converti en alcool et en acide carbonique $12 - 3.8 = 8.2$ d'extrait.

M. Balling a proposé d'exprimer l'atténuation en
fractions de l'unité, mais il est plus commode de l'exprimer en centièmes, ce qu'on opère dans notre
exemple en posant la proportion suivante : $12 : 8.2$
$:: 100 : x$, d'où :

$$x = \frac{8.2 \times 100}{12} = 68.3$$

Ainsi 68.3 est le degré apparent de la fermentation.

Nous disons degré apparent, parce que les deux
états apparents du moût ne sont pas comparables
entre eux, puisque l'alcool qui s'est formé a rendu le
liquide spécifiquement plus léger que l'eau, tandis
qu'à l'origine le sucre le rendait plus lourd. Il en résulte que l'atténuation calculée a été plus considérable que celle qui a eu lieu réellement. Balling a

conseillé, pour obtenir cette atténuation réelle, de chauffer le moût fermenté pour en chasser l'alcool et l'acide carbonique, de ramener par une addition d'eau au volume primitif et de prendre la densité ou la proportion d'extrait qu'il renferme, et enfin de la comparer à celle qu'avait le moût à l'origine. Mais ces opérations paraissent un peu compliquées pour l'industrie, et il est permis dans la pratique de se borner à l'atténuation apparente qui, du reste, est toujours proportionnelle à celle réelle.

L'atténuation ne fournit de renseignement qu'en ce qui regarde la proportion du glucose qui a été converti en alcool et en acide carbonique, mais elle laisse dans l'incertitude sur la quantité d'alcool qui peut être contenu dans le moût fermenté.

C'est pour conduire à cette connaissance que Balling a calculé ce qu'il appelle les *facteurs de l'alcool*, nombres par lesquels il faut multiplier les atténuations pour avoir la proportion d'alcool contenu dans le moût fermenté. Balling a déterminé ces facteurs par des expériences délicates pour les divers degrés du saccharomètre entre lesquels se trouvent le plus généralement compris les moûts de distillation. Voici le tableau de ces facteurs :

DEGRÉS DU SACCHAROMÈTRE avant la fermentation.	FACTEUR pour le glucose pur.	FACTEUR pour le moût de distillation.
6.	0.4312	0.4073
7.	0.4330	0.4091
8.	0.4348	0.4110
9.	0.4367	0.4129
10.	0.4386	0.4148
11.	0.4405	0.4167
12.	0.4424	0.4187
13.	0.4444	0.4206
14.	0.4464	0.4226
15.	0.4484	0.4246
16.	0.4504	0.4267
17.	0.4524	0.4288
18.	0.4545	0.4309
19.	0.4566	0.4430
20.	0.4587	0.4451

L'emploi de ce tableau des facteurs est fort simple et a lieu comme il suit :

Supposons qu'un moût de glucose pur qui, avant la fermentation, a indiqué le chiffre 11 en degrés du saccharomètre, marque encore 4 degrés au même instrument après la fermentation. La fermentation a donc amené une différence de 11—4 ou de 7 degrés. Cette différence, multipliée par le facteur alcoolique ou 0,4405, donne $7 \times 0,4405 = 3,0835$ comme la proportion d'alcool contenu dans 100 parties en poids du moût fermenté.

Mais on n'arrive pas à cette proportion avec un moût ordinaire de distillerie, parce que ce moût ne renferme pas seulement du glucose, mais contient encore d'autres matières qui relèvent son poids spécifique. Ainsi, un moût de ce genre qui, à l'origine, aurait marqué 11 degrés saccharométriques et qui, après la fermentation, n'en aurait indiqué que 4, ne renfermerait que $7 \times 0,4167 = 2,9169$ d'alcool.

Avant de terminer ce que nous avions à dire sur la fermentation, il nous paraît à propos de rappeler les principaux faits consignés par M. Pasteur dans un mémoire qu'il a lu en janvier 1874 à la société centrale d'agriculture, sur la production de la levure de bière dans un milieu minéral sucré.

« Une remarque digne d'attention, dit M. Pasteur, c'est que la levure qui a poussé dans un milieu minéral, devient plus propre à se multiplier dans un tel milieu; elle s'y acclimate en quelque sorte comme les plantes dans certains sols. Cela est vrai également de la vie de la levure à l'abri de l'air, en présence de l'acide carbonique.

« J'ai dit que la levure après avoir fait fermenter le sucre dans un milieu minéral, peut être conservée ensuite au contact de l'air sans perdre sa faculté de se reproduire et de se multiplier dans un nouveau milieu nutritif sucré. Cette conservation de la faculté de végétation de la levure a déjà, dans mes expériences, une durée de 2 années. Toutes les cellules individuellement la gardent-elles ou seulement un certain nombre? C'est ce que je ne saurais encore décider.

« J'ai voulu savoir ce qui arriverait dans le cas où l'expérience serait effectuée dans un milieu plus ou moins impropre à la nutrition de la levure. Par exemple, qu'advient-il à la levure déposée en très-petite quantité dans une solution de sucre candi pur? Je suppose que le poids de la levure soit tout à fait insignifiant, si faible qu'il n'en puisse résulter aucune fermentation appréciable. Malgré cet ensemble de circonstances si favorable à l'épuisement et à la mort de la levure, celle-ci reste vivante et toujours prête à manifester sa faculté végétative et sa multiplication indéfinie en présence de l'air ou d'un milieu nutritif sucré ; du moins mes expériences sur ce point ont déjà (1873) une année de durée.

« Enfin, que se passe-t-il si on conserve la levure à l'état de poussière sèche? Après 8 ou 9 mois de séjour de la poussière dans une étuve, le rajeunissement possible de la levure existe encore ; au bout d'un an il avait disparu. Dans un laboratoire où on manie de la levure, il y a donc nécessairement en suspension dans les poussières, des cellules de levure fécondes : c'est une conséquence de ce qui précède, quoique cette fécondité ne soit pas indéfinie. Les cellules-germes de la levure du raisin offrent des propriétés du même ordre.

« Voici une autre particularité remarquable des cellules de levure épaissies, mais non mortes, dans l'eau sucrée. Quand on les replace dans un milieu nutritif au contact de l'air, au lieu de se borner à grossir et à bourgeonner pour former des cellules-filles semblables aux cellules-mères, elles poussent de longs articles ou tubes rameux qui eux-mêmes donnent des tubes plus ou moins longs ; en outre, près de leurs articulations naissent des cellules globuleuses ou ovoïdes qui se détachent pour reproduire de la levure globuleuse ; on dirait les formes de germination et de développement de certains *dematium ;* mais bientôt ces formes allongées disparaissent et même si on ne les saisit pas dans leur première apparition, elles échappent à l'observateur qui n'est frappé que des formes globuleuses ou ovoïdes de la levure ordinaire. Il est digne de remarque que les cellules-germes de la levure de la surface des grains et de la grappe du raisin débutent dans leur développement sous les formes allongées que je viens d'indiquer.

« J'ai déjà annoncé que la levure pouvait vivre à la manière des moisissures. On observe ce genre de vie dans diverses circonstances ; par exemple dans la bière, lorsqu'elle est exposée au contact de l'air, lorsque la surface du liquide ne peut pas se recouvrir du *mycoderma vini* ou *cerevisiæ*, ce qui existe toutes les fois que dans ce même liquide les germes de ce même mycoderme sont absents. Dans ces conditions, je le répète, certaines cellules de levure qui sont toujours en suspension dans la bière même la plus limpide, viennent vivre à la surface du liquide contre les parois du vase où elles absorbent l'oxygène de l'air et dégagent de l'acide carbonique, comme le ferait une mucédinée quelconque. Souvent même les cellules peuvent s'étendre à la surface du liquide et le recouvrir à la manière du *mycoderma vini* ; mais à l'inverse de celui-ci, les cellules de levure-moisissure submergées dans un liquide nutritif sucré, reproduisent des cellules de levure et la fermentation.

« Il semblerait que les cellules de levure placées dans un liquide nutritif non sucré, par exemple dans l'*eau de levure*, devraient perdre leur vitalité, ou tout au moins leur propriété de provoquer ultérieurement la fermentation dans les liquides sucrés. Beaucoup de faits encore mal expliqués auraient été facilement compris si cette hypothèse se fût réalisée. Lorsqu'on expose des liquides sucrés au libre contact de l'air,

surtout dans un laboratoire où se font des travaux
sur la fermentation alcoolique, on voit naître dans
ces liquides, des productions qui, par leurs formes,
leur mode de développement, les dimensions de leurs
cellules, rappellent exactement les formes, le mode
de développement et les dimensions des cellules de
levure ou des articles plus ou moins allongés de la
fleur du vin ou de la *fleur de la bière*. L'origine de
ces productions impropres à la fermentation et si ha-
bituelles dans les conditions dont je parle se conce-
vrait très bien si les cellules de la levure en s'épui-
sant au contact de l'air, en l'absence de toute matière
sucrée fermentescible, conservaient cependant leur
faculté de développement tout en perdant ce je ne
sais quoi qui les rend propres aux actes de la fermentation. En réalité, je n'ai rien observé de semblable, et je suis porté à croire que les productions
dont il s'agit ne sont que des formes diverses du
mycoderma vini. »

CHAPITRE VI.

Fabrication de la Levure.

ARTICLE Ier. — CONSIDÉRATIONS GÉNÉRALES.

Quand il s'agit de mettre en état de fermentation
un liquide sucré, il est nécessaire de considérer d'a-
bord le but de l'opération, et en second lieu l'agent
qui doit servir pour provoquer cette fermentation.

Relativement au but de l'opération, celui-ci varie
suivant qu'on se propose de fabriquer de la bière,
ou de l'alcool, ou seulement de la levure.

Si on veut fabriquer de la bière, on ne pousse la fermentation que jusqu'à un certain point où il n'y a encore qu'une certaine portion de la dextrine, du glucose, etc., qui soit convertie en alcool. Dans cette opération, l'atténuation du moût n'est portée qu'à un degré modéré, et les parties qui ne sont pas transformées en alcool servent, avec le houblon, à donner aux bières les saveurs particulières qu'on leur connaît.

Au contraire, lorsqu'il s'agit de fabriquer de l'alcool avec les grains et les matières amylacées, on pousse la fermentation, et, par conséquent, l'atténuation jusqu'à sa dernière limite, afin d'obtenir la plus forte proportion d'eau-de-vie d'une quantité donnée de matières premières.

Dans la fabrication spéciale de la levure, on agit à peu près de même pour la fermentation, c'est-à-dire qu'on prolonge celle-ci ou l'atténuation presque jusqu'à son dernier terme, en cherchant à consommer tous les matériaux qui peuvent servir à l'alimentation et la production de la levure, en évitant, toutefois, l'acétification et la fermentation putride.

Quant à ce qui concerne l'agent propre à provoquer la fermentation, on peut le produire de diverses manières et faire choix de celui qu'on juge le plus actif ou le plus économique dans l'opération qu'on se propose.

1° C'est ainsi qu'on peut emprunter le ferment à la cuve-guilloire des brasseurs, c'est-à-dire en récoltant de la levure qui se forme sur les cuves à fermentation des brasseries, et dont on fait le plus communément usage dans la fabrication de la bière, dans la boulangerie et la pâtisserie pour faire lever les pâtes.

2° On peut préparer des brassins pour fabriquer tout spécialement de la levure sans les utiliser ultérieurement pour préparer de la bière ou de l'alcool.

3° On peut combiner la fabrication de la levure avec la distillation des moûts de grains, de pommes de terre, etc.

4° Enfin on peut, dans les distilleries, préparer des levains tout particulièrement destinés au service de ces établissements, et sans production excédante de levure marchande.

Ce serait peut-être ici le lieu d'exposer avec quelque détail les travaux préliminaires qui sont nécessaires pour préparer un moût sucré ou un brassin de bière ou de distillation. C'est ainsi qu'il nous faudrait entrer dans des explications sur le triage et le lavage de l'orge, son mouillage ou trempage, son piquage, sa germination, son évaporation, son séchage, son touraillage, sa conservation, son concassage, toutes les opérations qui constituent le maltage.

Qu'il faudrait indiquer comment on fait la salade, comment on procède aux trempes préparatoires, aux trempes de saccharification, aux trempes de lavage, au soutirage des moûts, etc., en un mot, à tout ce qui constitue le brassage.

Mais nous ferons remarquer que nous ne nous sommes pas proposé de rédiger un ouvrage sur la fabrication de la bière et des alcools de grains ou de pommes de terre, et que nous devons renvoyer aux ouvrages spéciaux, qui traitent de cette industrie, les personnes qui voudraient acquérir des notions étendues sur ces sujets divers, que notre objet a été simplement la fabrication de la levure.

D'ailleurs, nous ferons remarquer que dans la description des divers procédés que nous indiquons, nous entrerons dans des détails assez précis sur la préparation des moûts qui servent à préparer la levure, et que, dès-lors, notre but est atteint. Mais avant de nous engager dans la description des procédés de fabrication de la levure et des levains, nous croyons devoir rappeler quelques observations dues à un savant praticien sur divers phénomènes qui se présentent pendant la fermentation des jus sucrés, et qui exercent une grande influence sur le rendement et la qualité des produits.

« Le ferment lactique, dit M. Dubrunfaut dans son ouvrage intitulé l'*Osmose*, p. 96, est, on le sait, le plus grand écueil des distilleries de mélasses et de betteraves, et quand ce ferment prédomine sur le ferment alcoolique, les résultats économiques sont profondément altérés. Nous avons démontré, il y a longtemps, qu'on surmonte et domine cet accident, soit avec l'emploi de proportions suffisantes de bonne levure de bière, soit encore en favorisant le développement de ce produit organisé dans les liquides qu'on veut faire fermenter. Ainsi l'emploi de l'acide que nous avons découvert et recommandé pour les fermentations de betteraves, et dont nous avons tiré un si bon parti au même point de vue dans la distillation des mélasses, n'a pas d'autre but que de créer un milieu favorable à la vie et au développement de la levure ou ferment de bière, et de nuire par là même au développement de son antagoniste, le ferment lactique. Les savantes recherches de M. Pasteur ont exclusivement confirmé cette interprétation des faits qui sont bien connus des distillateurs. »

« Le ferment lactique, ajoute M. Dubrunfaut dans

le même ouvrage, p. 113, qui est un des grands ennemis des producteurs d'alcool, vit et se développe souvent côte à côte avec le ferment alcoolique, et suivant les observations de M. Pasteur, il est rare de ne pas en trouver dans les bonnes levures de bière. Il est rare aussi de voir des fermentations alcooliques industrielles exemptes de fermentation lactique, et c'est cela qui nous avait autorisé à admettre que l'acide normal des fermentations alcooliques était de l'acide lactique. M. Pasteur paraît avoir démontré que cet acide est toujours de l'acide succinique dans les bonnes fermentations de laboratoire ; mais il n'en est pas moins vrai que toutes les fermentations alcooliques industrielles doivent à la fermentation lactique l'acidité anormale qui les accompagne invariablement. La fermentation lactique serait donc bien réellement, comme nous l'avons dit, la compagne inséparable, à un degré quelconque, de la fermentation alcoolique industrielle.

« Le ferment lactique produit souvent de grands ravages dans les fermentations des matières amylacées, et notamment dans les distilleries de grains. Ce ferment nous a offert cette particularité remarquable, que son action cesse de transformer le sucre en acide quand la proportion pondérale de cet acide atteint le chiffre équivalent de 8 grammes d'acide sulfurique monohydraté par litre de moût, et en général il agit avec d'autant plus d'énergie que le moût se rapproche davantage de la neutralité aux réactifs colorés ; il agit même dans les moûts alcalins.

« Cette propriété explique bien plusieurs observations et pratiques industrielles importantes.

« En effet, quand on veut favoriser le développenent exclusif de la fermentation lactique, on maintient les moûts neutres, soit par des additions successives de carbonate de soude, soit encore en ajoutant toujours de la craie en excès dans les moûts fermentescibles.

« Ainsi, quand une cuve qui fermente alcooliquement passe à l'état lactique, on favorise toujours le développement de cette fermentation parasite en saturant l'acide par la craie; on entrave, au contraire, son développement par une addition artificielle d'acide dans certaines proportions, comme on le fait dans la distillation des mélasses.

« Les distillateurs de grains font utilement rentrer en fermentation les clairs de drèche qui sont toujours fort riches en acide lactique, et cette pratique accroît le rendement alcoolique. Cette méthode se justifie par la considération que l'acide lactique développé des drèches nuit au développement du ferment lactique sans avoir la même action sur le ferment alcoolique.

« C'est donc ainsi que s'explique d'une manière fort simple l'utilité de l'acidulation méthodique que nous avons introduite dans les fermentations alcooliques des betteraves et des mélasses; mais là, l'acide n'a pas seulement, comme dans la distillation des grains, la fonction d'enrayer le développement du ferment lactique pour préserver le glucose, il a, en outre, la propriété plus importante d'empêcher l'accident nitreux qui est inconnu aux distillateurs de grains, et cela se comprend en considérant que les grains ne renferment pas de sels nitreux. »

Nous verrons bientôt ce que l'on doit penser de l'opinion de M. Dubrunfaut, et le rôle particulier que joue l'acide lactique dans la fabrication de la levure.

Levure.   18

ARTICLE II. — LEVURE DE BRASSERIE.

Nous ne pouvons pas, dans un ouvrage de la nature de celui-ci, décrire toutes les opérations au moyen desquelles on fabrique le malt d'orge, on prépare les brassins et on fait fermenter les moûts. C'est dans les ouvrages qui sont spécialement consacrés à la fabrication de la bière, ou à celle des eaux-de-vie de grain ou de pommes de terre, qu'on doit puiser les notions variées nécessaires pour étudier ce sujet. Pour le moment, il nous suffit de savoir que, dans la préparation de la bière, on recueille pendant la fermentation vive ou celle principale une levure dite levure haute, qui, quand on a réussi à réunir toutes les conditions voulues, possède une grande énergie qu'elle développe promptement, et que, pendant la fermentation secondaire et celle lente, il se dépose un autre produit appelé levure basse qui est moins active et moins énergique, mais qui ne paraît pas différer de la première.

Nous avons fait connaître dans le chapitre IV la nature, les caractères et les propriétés de la levure, et il ne nous reste qu'à dire un mot sur l'emploi qu'on fait de la levure telle qu'on la recueille dans les brasseries.

On sait que pour conserver la levure des brasseries, surtout en été, saison dans laquelle elle est très-altérable, au point qu'on a de la peine à la conserver d'un brassin à l'autre, il faut avoir recours à quelques précautions qui permettent de la conserver plus long-temps.

La levure qu'on enlève sur les cuves à fermentaion des brasseurs ou celle entraînée dans les écumes, dans la fermentation secondaire, est reçue dans de petits baquets au fond desquels elle se dépose. On plonge, surtout en été, ces baquets dans l'eau fraîche afin d'éviter une décomposition rapide, et aussitôt que la levure s'est bien séparée de la portion liquide, on verse le tout sur une toile ou carrelet où la levure s'égoutte spontanément, et lorsqu'elle a acquis une certaine consistance, on la met dans de doubles sacs en toile forte et serrée ou en coutil, dont on lie fortement l'ouverture. Ces sacs, rangés sur le plateau d'une presse, sont alors soumis à une pression graduée pour en extraire la plus forte portion possible de liquide interposé. La levure fraîche ou celle extraite de sacs, est ordinairement vendue à des levuriers qui la divisent en mottes et la vendent aux boulangers ou aux distillateurs.

Dans tous les cas, la levure ainsi pressée doit être conservée dans un lieu frais mais non humide, et nous avons vu au chapitre que nous avons consacré à ce produit, les moyens divers qui ont été proposés pour retarder son altération et lui conserver en grande partie son énergie.

Lorsque dans la fabrication de la bière la fermentation basse ou par dépôt est terminée, et qu'on a enlevé le chapeau qui flotte à la surface de la liqueur, on fait écouler la bière dans des tonneaux. Il reste au fond de la cuve un dépôt qui se compose de trois couches. Celle supérieure, qui est mince, boueuse et brunâtre, peut être enlevée par des lavages opérés doucement et avec précaution ; celle qui succède et qui est blanc jaunâtre, compacte, est de la levure de dépôt pure qui sert aux fermentations suivantes ; et enfin celle infé-

rieure, très-impure, colorée en brun, sur laquelle on
enlève autant qu'il est possible toute la levure pure.
Cette levure pure est lavée à l'eau froide et conservée jusqu'à ce qu'on en fasse emploi, ou mieux gar-
dée dans un baquet et recouverte de bière. Quand
cette levure dépasse les besoins de la brasserie, on la
met en presse dans des sacs et on la livre au boulanger.

Dans bien des pays comme en France, en Angleterre, en Italie, en Espagne, en Amérique, on fait
usage, soit pour mettre les moûts de bière en levain,
soit pour faire fermenter les moûts de betteraves, de
pommes de terre, de mélasses, de grains et autres matières amylacées, soit enfin pour préparer les levains
qui servent à la fabrication du pain et de la pâtisserie, de cette levure que les brasseurs recueillent sur
leurs cuves à fermentation pendant la fabrication de
la bière. Ce ferment dont l'emploi est, comme on voit,
très-étendu, ne réunit pas toutes les qualités qu'on
pourrait désirer dans une matière de ce genre et en
particulier quand on l'applique aux besoins de la
boulangerie et de la pâtisserie.

D'abord la levure des brasseurs a toujours une saveur amère très-prononcée qu'elle a empruntée au
houblon qui entre dans la préparation de la bière,
saveur dont il n'est pas facile de la débarrasser, ou
même de masquer, qui se communique au pain et
que tout le monde connaît; on s'accoutume, il est
vrai, à cette saveur, mais elle n'est pas du tout agréable. C'est pour cela qu'on a cherché, en boulangerie,
à l'atténuer par l'invention et l'emploi des levains.

En second lieu, la levure de brasserie possède une
odeur forte, d'un caractère animal et vineuse qui ré-
pugne à bon nombre de personnes délicates.

Nous ne croyons pas devoir discuter ici quels doivent être les effets physiologiques que peut exercer la levure de brasserie sur l'économie animale, et ce sujet n'a pas encore attiré spécialement l'attention des savants, mais il serait possible que celle de bière ne fût pas aussi exempte d'inconvénients ou de danger, qu'on pourrait le supposer, surtout quand on songe que chaque jour le corps humain en reçoit une certaine proportion, et qu'on remplace parfois le houblon par des substances toxiques qui, ainsi, se retrouvent dans la levure.

Il y avait donc un intérêt réel, tant sous le rapport de la salubrité publique que sous celui de la satisfaction de nos besoins journaliers les plus impérieux, de chercher à préparer une levure exempte de la saveur amère et de l'odeur forte de la levure des brasseurs, et c'est ce qu'on a réalisé avec succès dans quelques pays.

Depuis longtemps, on pratique en Hollande, dans le Nord de l'Allemagne, en Autriche, en Moravie, etc., la culture industrielle de la levure, et les établissements qui se livrent à cette industrie, fournissent des produits d'une pureté remarquable, d'une grande énergie et qui indépendamment de leur pureté, peuvent sous un plus petit volume, développer bien plus d'activité.

Comparons en quelques mots les deux espèces de levure dont il vient d'être question, sous le rapport seulement de la boulangerie.

La levure de bière, comme nous l'avons dit, a une saveur amère et une odeur forte qui se communiquent au pain. Elle enlève à nos farines fines, cet arôme qu'elles possèdent et qu'elles transmettent aux pro-

duits qu'on en fabrique. Dans les pains préparés avec
cette levure, il arrive souvent que l'intérieur des pains
présente de grandes cavités séparées par d'épaisses
cloisons de matières albumineuses, tenaces, glutineuses, élastiques, résistantes sous la dent, et portant
enfin tous les caractères d'un pain imparfaitement levé
et par conséquent indigeste.

D'un autre côté, voyons quels sont les avantages
que peut, dans ce cas particulier, offrir la levure pure,
et répétons ce que dit une feuille périodique à l'occasion de l'Exposition de Vienne en 1873.

« Tout le monde a pu remarquer combien le pain
viennois était mieux allégé que la plupart des pains
français et anglais, cela tient à ce qu'on se sert dans
les boulangeries autrichiennes de levure pure pour
faire la pâte. Le dégagement de l'acide carbonique
étant plus uniforme, la pâte est plus homogène, par
conséquent plus légère et mieux apprêtée. D'ailleurs,
en vertu du mode de préparation, la levure de Vienne
ne peut contenir ni les principes amers, ni l'huile
essentielle à odeur forte que contient le houblon. Ces
principes dominent, au contraire, dans la levure de
bière et se transmettent d'autant plus au pain qu'il
faut en employer des doses plus fortes de ce ferment.
La qualité et la saveur de l'aliment gagnent donc à
l'emploi de la levure allemande; aussi beaucoup de
boulangers de Paris commencent-ils à y recourir et
sont-ils aisément parvenus à confectionner des produits aussi délicats et plus variés que les produits
viennois. Malheureusement, le prix de cette énergique
levure est trop élevé pour qu'on l'applique à la fabrication d'autres pains que ceux de luxe. A plus forte
raison n'a-t-on pas songé à en faire usage pour pré-

venir dans la fabrication des gros pains, les altérations du gluten et par suite mieux ménager l'arome naturel de nos farines. »

On a proposé et mis en pratique en Bavière un procédé pour donner aux levures obtenues des fermentations basses en cuve, les qualités des bonnes levures du commerce. Ce procédé consiste :

1° A soumettre la levure basse à une épuration mécanique des plus énergiques ;

2° A enlever son amertume et sa coloration sans lavages multipliés à l'eau, mais à arriver à ce résultat par l'addition d'un agent chimique qui forme avec la résine de houblon une combinaison soluble dans l'eau ;

3° A régénérer la levure ainsi décolorée et privée d'amertume par une nouvelle fermentation des plus énergiques.

Voici la façon dont on opère dans ce procédé :

1° On met la levure telle qu'elle sort des cuves dans un sac confectionné avec la soie de bluterie la plus fine et on l'agite en la malaxant légèrement dans un vase rempli d'eau. La levure passe en laissant dans le sac les particules étrangères fines auxquelles elle était mélangée.

2° Dès que toute la levure que l'on veut travailler à la fois a été épurée de cette manière, on ajoute dans le vase la quantité d'eau nécessaire pour que tout le volume soit trois fois plus considérable que le volume de levure. Puis on dissout dans l'eau du carbonate d'ammoniaque dans la proportion de 5 à 10 grammes par litre de levure, selon la quantité plus ou moins grande de résine de houblon contenue dans la levure.

On mélange bien le tout avec la levure délayée. Peu de temps après cette levure se dépose au fond du vase, tandis que la résine de houblon se trouve dissoute dans l'eau qui surnage. A mesure que s'effectue cette séparation, on décante le liquide au moyen de plusieurs tonneaux superposés de façon à se déverser les uns dans les autres par des robinets. Il ne reste en fin de compte qu'une levure blanche privée de son amertume, mais un peu moins énergique qu'on lave encore une fois à l'eau.

3° On prend du malt d'orge simplement aéré et concassé. On empâte à l'eau froide, on chauffe lentement le tout jusqu'à 65 ou 66° C., et après avoir soutiré le liquide clair de la drèche et ajouté de l'acide tartrique dans des proportions qu'on indiquera plus bas, on abandonne pendant 24 heures à la saccharification et à l'acétification. On prépare cet extrait dans la proportion du double du volume qu'on se propose de régénérer de levure, de telle sorte qu'il contient environ 20 p. 100 de glucose en dissolution. C'est d'après cette donnée qu'il faut calculer la quantité de malt à employer. Quant à l'acide tartrique, on en met 22 à 23 grammes à l'état cristallisé par hectolitre d'extrait.

Pendant la période de repos de 24 heures, l'extrait est placé dans un local dont la température n'est pas au-dessous de 22 à 23° C. Ce temps de repos écoulé, on ajoute l'extrait à la levure à régénérer, de telle sorte que la température du mélange atteigne environ 25° C. Il se produit alors en peu de temps une fermentation excessivement énergique, par suite de laquelle non-seulement la levure ajoutée augmente de puissance, mais encore les matières protéiques dissoutes dans l'extrait se transforment en levure. La nouvelle levure régénérée monte à la surface d'où on l'enlève pour la mettre sous l'eau et en partie se dépose au fond du vase. Après 36 à 48 heures, la fermentation est entièrement accomplie, le liquide est alors soutiré et la levure déposée est également mise sous l'eau, mélangée avec la levure précédemment enlevée et pressée dans des sacs en toile double comme d'habitude.

La levure sèche qui en résulte est blanche, très-énergique, et possède une très-bonne odeur vineuse.

Quant à la partie liquide, on la distille pour en recueillir l'alcool qu'elle renferme.

Le journal intitulé le *Brasseur* (n° 230, 25 mai 1873) auquel nous empruntons ce procédé, ajoute ce qui suit :

« Nous avons déjà, en 1855, employé le carbonate d'ammoniaque pour enlever son amertume à la levure basse, au lieu et place de la soude qui est généralement en usage. Or, le résultat a été que l'énergie de la levure a été très-sensiblement affaiblie. Si l'inventeur croit régénérer la force de la levure par une nouvelle fermentation, c'est ce que la pratique seule pourra démontrer. En tout cas, il vaut mieux cet affaiblissement d'énergie de la levure et neutraliser par le sucre l'amertume de la résine du houblon au lieu de carbonate d'ammoniaque. »

Sans doute, le carbonate d'ammoniaque doit être un agent trop actif qui peut nuire à la vitalité de la levure, et il vaut mieux procéder par le carbonate de soude pour enlever l'amertume de la levure basse.

Avant de se prononcer sur la valeur de ce procédé,

il faudrait faire une étude approfondie de cette levure basse comparativement à celle haute.

Si la levure basse est une levure qui a épuisé sa force régénératrice ou plutôt qui après s'être reproduite est entrée dans une phase de repos. Il est bien certain que comme toutes les plantes dont on peut forcer la floraison et la multiplication, il doit être possible de l'amener dans des circonstances de température, de milieu, d'alimentation et de stimulants, telles qu'elle retrouve un climat, une atmosphère, des aliments et des engrais qui lui permettent de fructifier et de se reproduire. Il ne s'agirait donc alors que de rechercher et d'étudier ces circonstances et d'en faire une application judicieuse pour communiquer à la levure basse les propriétés d'une levure énergique de bonne qualité.

On a déjà dit que la levure ordinaire de bière a une saveur amère, une odeur qui n'est pas agréable, un aspect peu flatteur et une couleur jaune et sale, et que, sous cet état, elle ne paraît pas à la préparation du pain le plus blanc et le plus délicat. D'un autre côté, la grande quantité d'eau qu'elle renferme en rend le transport dispendieux dans les boulangeries, les brasseries et les distilleries; enfin elle se corrompt facilement. M. J.-B. Divis a donc cherché par voie expérimentale, à préparer une levure pressée avec la levure des brasseurs, et voici le procédé qui paraît lui avoir réussi :

On mélange la levure fraîche de bière avec six fois son volume d'eau bien pure, froide autant que possible, à laquelle on a ajouté, comme on l'a vu précédemment, un peu de carbonate d'ammoniaque, on agite avec soin, puis on laisse reposer dans une grande cuve plate. Le liquide qui surnage et qui tient en dissolution les impuretés est décanté ou écoulé par des ouvertures pratiquées dans la paroi de la cuve et fermées par des bouchons, puis on recouvre de nouveau avec de l'eau fraîche. Après avoir agité encore, la levure délayée est jetée sur un filtre-presse et on la comprime. La portion liquide de couleur sale et d'une odeur désagréable s'écoule, tandis qu'entre les étreindelles il reste une masse plus ou moins consistante suivant le désir de l'opérateur qui, mélangée à un peu de fécule et de farine de malt, est travaillée comme levain de boulanger, ne s'en distingue en aucune façon et est même plus efficace et moins dispendieuse.

Diverses sortes de levure ne se déposent qu'avec une extrême difficulté; dans ce cas, on peut favoriser leur dépôt avec quelques morceaux de glace, et une plus grande abondance d'eau ou bien avec un peu d'alun, qu'on n'administre toutefois qu'après le premier lavage. Dans ce cas, il faut nécessairement laver une troisième fois à l'eau pure.

M. Divis assure qu'il a introduit avec succès en 1873 ce procédé dans plusieurs brasseries de la Bohême qui l'ont adopté définitivement.

ARTICLE III. — FABRICATION DE LA LEVURE SANS DISTILLATION.

§ 1. PRINCIPES DE LA FABRICATION DE LA LEVURE PRESSÉE.

La fabrication de la levure pure, à laquelle on donne en Allemagne et en Autriche, le nom de levure pressée (*Presshefen*), peut se faire de deux manières différentes, soit en ayant en vue la fabrication de cette levure seule, soit en combinant cette fabrication avec celle de l'alcool. Dans tous les cas, la préparation de cette levure pressée exige qu'on remplisse quelques conditions principales qui sont propres à assurer la fabrication d'un produit irréprochable.

Un distillateur allemand qui a longtemps pratiqué avec succès, M. M. Böhm a cru devoir résumer ainsi qu'il suit les principes fondamentaux de la fabrication de la levure pressée :

« 1° La fabrication de la levure doit, autant qu'il est possible, être opérée dans un local spécialement destiné à cet usage où règne une température constante de 12 à 15° C.

« 2° Il faut éviter que le plancher sur lequel reposent les cuves à levure soit froid, parce que cette condition s'oppose à ce qu'elles affectent le degré normal d'acidité. Ces cuves doivent être en conséquence posées sur des estrades basses ou de faux planchers.

« 3° On doit entretenir les vaisseaux à levure dans l'état de propreté la plus absolue, et il en est de même de l'atelier et de tous les ustensiles qui servent à cette fabrication.

« 4° Le malt vert a besoin d'être absolument pur et de n'être écrasé que peu de temps avant de s'en servir.

« 5° Quand on brasse, on prépare un moût en malt vert, il ne faut pas dépasser 1 lit.50 d'eau par kilog. de malt.

« 6° Le rapport le plus correct du malt pour levure quand on emploie les pommes de terre à cette fabrication est de 2 kilog. de malt vert pour 100 kilog. de tubercules.

« 7° La température la plus avantageuse au terme du brassage est de 65 à 66°.

« 8° La température la plus favorable pour mettre en levure le brassin de levure est de 20 à 22° C. Le moût de levure doit, en général, être refroidi jusqu'à 22 ou 23° C., parce que la levure-mère ne doit pas marquer plus de 10 à 12° C.

« 9° Le moût de levure, depuis le moment où il a été mis en levure jusqu'à celui où on doit rafraîchir, a dû s'échauffer de 8 à 9° C., et ce réchauffement il faut le mesurer au centre du chapeau ; à partir du moment du rafraîchissement jusqu'à celui où on ajoute au moût de distillation, il doit s'écouler deux heures, et alors le réchauffement n'est que de 1°25 à 2°50.

« 10° La levure-mère doit toujours 12 heures après la mise en levain, être transportée dans des vases en cuivre ou en fer-blanc, qu'on plonge dans de l'eau froide. On change cette eau à plusieurs reprises, et la levure-mère est ramenée à 10 ou 12° C., afin d'entraver autant qu'il est possible toute fermentation ultérieure. »

D'un autre côté, voici quelques instructions qu'on lit dans divers ouvrages relativement à la fabrication de la levure dite artificielle.

Pour faire produire à un brassin une levure abondante et d'une excellente qualité, il est nécessaire d'employer un très-bon malt, et de faire passer dans le moût toutes les matières azotées solubles qui servent à la reproduction du ferment, enfin conduire l'opération de manière à obtenir un très-haut degré d'atténuation. Les limites les plus avantageuses de température sont pour cela une saccharification à 65

ou 66°, et une fermentation haute à 15 ou 20° C. .
Toutes choses égales, les fermentations qui produisent
le plus de levure sont celles qui s'effectuent entre ces
limites, et le rendement en levure est un peu moins
abondant lorsque les fermentations s'accomplissent
au-dessous et au-dessus des températures indiquées. .
Toutefois, il ne faut pas pousser l'atténuation jusqu'à
ce que commence l'acétification du moût.

On a publié un assez grand nombre de procédés
pour fabriquer la levure pressée; mais plusieurs d'entre eux sont incomplets et insuffisants, parce qu'on
n'est pas entré, en les décrivant, dans certains détails
particuliers et assez délicats qui font en partie la
base de cette industrie et assurent le succès de ses
opérations, ou bien parce qu'on n'a pas pratiqué ou
vu pratiquer cette industrie. Nous les reproduirons,
toutefois, ici en les accompagnant de quelques observations qui auront pour objet de montrer les raisons
de leur insuffisance.

§ 2.   FABRICATION DE LA LEVURE VIENNOISE.

On trouve dans quelques ouvrages sur la fabrication de la bière et la brasserie une notice sur la préparation de la levure pressée que nous transcrivons
textuellement.

Dans la fabrication de la levure dite pressée qu'on
prépare en Allemagne, on fait entrer trois espèces de
grains dans la composition des moûts, à savoir : le
seigle, le maïs et l'orge germée ou malt. Ces grains
sont réduits en farine, mélangés dans certaines proportions et déposés dans une cuve où on les met en
macération avec de l'eau portée à la température de

65 à 70° C. Dans ces conditions, la diastase ou le principe saccharifiant de l'orge germée réagit sur l'amidon, et le transforme en deux autres principes immédiats solubles, la dextrine et le glucose, sucre analogue à celui de raisin. La saccharification de cet amidon marche promptement et est terminée en quelques heures. Le liquide sucré est alors décanté ou soutiré, on l'épure en le passant à travers un tamis, et on le met en fermentation alcoolique en y introduisant une faible quantité de levure provenant d'une opération précédente. Sous l'influence de cette levure, la fermentation ne tarde pas à se développer, le glucose est dédoublé en acide carbonique, en alcool et en quelques produits accessoires en petites quantités, tandis que la dextrine, dont la conversion saccharine avait été arrêtée par la présence en excès du glucose, subit à son tour l'action du ferment et se transforme peu à peu en glucose. Le glucose en contact avec la levure subit, comme celui qui s'est formé, l'influence de la levure et se transforme à son tour en alcool et en acide carbonique, action qui se répète jusqu'à l'épuisement de la dextrine et du glucose.

Pendant que ces phénomènes se développent, les globules de levure se reproduisent par bourgeonnement; ils engendrent d'abord des globules plus petits qui grossissent avec rapidité et atteignent bientôt un diamètre de 10 à 12 millièmes de millimètre qui est leur grosseur maximum.

On conçoit que, pour que ces globules se développent avec le plus d'énergie et d'abondance, il faut, dans la composition des moûts, leur fournir une alimentation plus abondante et plus riche que celle qu'on leur présente dans le moût des brasseries. C'est là le principe de cette fabrication de la levure. Aussi l'activité reproductrice de la levure est ici bien plus grande que dans les cuves des brasseurs. L'acide carbonique qui se dégage avec une extrême abondance entraîne, en s'élevant au sein du liquide, les globules de levure les plus actifs où ils forment une écume épaisse que le gaz maintient à la surface. C'est dans cet état qu'on les recueille en les enlevant avec une écumoire à mesure qu'ils apparaissent, tandis que la levure qui n'est pas mûre, celle qui manque d'énergie vitale ou qui est épuisée, tombe au fond de la cuve pour former ce qu'on appelle la levure de fond ou basse.

Par cette manière d'opérer, on récolte une levure de choix et très-pure qu'avant de livrer au commerce on fait égoutter, qu'on lave légèrement sur une toile pour la rendre moins altérable par l'action de la chaleur et de l'air, et qu'on soumet enfin à la presse hydraulique qui en chasse la majeure partie du liquide qui était encore interposé.

Sous cet état, cette levure peut être conservée huit à quinze jours, suivant la température extérieure. Quand on l'examine au microscope, on voit qu'elle se compose de granules ovoïdes, diaphanes, de grosseur régulière, dont la plupart offrent, suivant leur grand axe, une dimension comprise entre 9 et 12 millièmes de millimètre. Il n'y a qu'un petit nombre, ceux qu'on pourrait appeler les plus jeunes, dont le diamètre n'est que de 2 à 3 millièmes de millimètre.

Cette masse renferme 75 pour 100 d'eau et 25 de substance sèche, dans laquelle l'analyse chimique trouve 7,7 d'azote, 3,43 de matière grasse et 8,1 de substances minérales.

Cette levure, douée d'une énergie plus grande que la levure de bière ordinaire, permet à une dose moindre d'obtenir une fermentation plus active et plus régulière qui, d'un côté, contribue à la bonne qualité des bières allemandes et, de l'autre, à la délicatesse du pain préparé à Vienne. En effet, cette levure ne contient ni les principes amers, ni l'huile essentielle et à odeur forte du houblon, principes qui dominent dans la levure de bière et se transmettent d'autant plus au pain qu'il en faut employer des doses plus fortes.

Dans la description sommaire que nous venons de donner, d'après les auteurs de la fabrication de la levure pressée ou en pâte, on s'est occupé beaucoup plus de la question théorique que de celle pratique, et il est facile de voir que les détails qu'il serait nécessaire de connaître pour pouvoir se livrer à ce genre de fabrication, manquent à peu près complétement.

Nous allons donc interroger des auteurs mieux informés, et leur demander les secrets de cette industrie qui exige beaucoup plus de soins qu'on ne serait disposé à l'admettre.

§ 3.   FABRICATION DE LEVURE ALLEMANDE.

La fabrication de la levure pressée n'est pas toujours, avons-nous dit, associée à celle de l'alcool et autres liquides spiritueux, et nous allons faire connaître ici un mode de fabrication de ce produit, où 1 kilog. de matière amylacée donne 1 kilog. de levure d'excellente qualité.

Disons d'abord qu'on fabrique en Hollande, dans des établissements spéciaux et en dehors de toute in-

dustrie de la distillation, une levure en pâte qui jouit
d'une réputation méritée et qu'on expédie dans toutes
les parties du monde. Cette industrie, les fabricants
qui s'y adonnent ont toujours cherché à l'exercer se-
crètement et il a toujours été très-difficile de péné-
trer leur secret. Néanmoins, il a transpiré de temps à
autre des détails qui ont permis de reconstituer de
toute pièce cette fabrication, et nous allons donner
dans ce paragraphe une description de ce mode d'opération d'après un praticien très-compétent.

M. A. Böhm, dans un ouvrage sur la fabrication de
l'alcool, affirme qu'on lui a livré le secret de la fabrication hollandaise de cette espèce de levure pressée,
qu'il l'a exercée avec profit pendant plusieurs années
et l'a même améliorée en plusieurs points en y ap-
portant quelques perfectionnements, et enfin en a obtenu des résultats qui ont même surpassé son attente.

Suivant ce praticien, pour fabriquer de la levure
dans le procédé hollandais, il faut prendre du malt
touraillé pâle, mieux encore du malt d'orge séché à
l'air, du malt de froment en farine combiné de même
avec du malt séché à l'air ou touraillé pâle, et du seigle moulu en fine farine. Tels sont les matériaux qui
servent à la fabrication de cette levure.

M. A. Böhm explique ce procédé, et comme exemple de ce mode de fabrication, il suppose qu'on se
propose de produire 15 kilog. de bonne levure, afin
de permettre à chacun de faire des essais sur de petites quantités.

On prend 3 kilog. de malt touraillé pâle ou de farine de malt séché à l'air, 3 kilog. de malt de froment
réduit en farine et 3 kilog. de seigle moulu finement,
et on travaille le tout soigneusement avec de l'eau à

50° C. pour en faire une masse bien homogène et ne contenant aucun grumeau. On abandonne cette pâte au repos pendant trois heures, puis on prend la quantité nécessaire d'eau chaude de 90 à 95° C. pour saccharifier la masse, afin qu'après une macération prolongée et un vaguage énergique, le moût soit descendu à peu près à la température de 62 à 63° C. Alors on couvre la cuve et on la laisse en repos pendant une heure.

Au bout de ce temps, on refroidit lentement la masse par un vaguage continu, de façon que le moût commence à acquérir une saveur acide et à mousser. Dès qu'on est descendu à la température de 30° à 31°C., on dissout 2 kilog. d'amidon fin de froment dans environ 8 à 9 litres d'eau tiède, on ajoute à la cuve, puis on y verse aussi 1 kilog. de bonne levure en pâte dissoute également dans l'eau tiède, et le tout est brassé avec soin.

Dans cet état on fait dissoudre 60 grammes d'acide tartrique dans un litre d'eau, on verse dans la cuve et on agite; au bout de 2 heures, on opère de la même manière avec 60 grammes de bicarbonate de soude.

Le local où cette masse doit fermenter doit avoir une température de 19° à 20° C., le moût a besoin de posséder dans ce moment, une température de 25° à 26° C., et la durée de la fermentation est d'environ 6 heures. Au bout de ce temps, on fait macérer ce qu'on appelle un réchaud (*nachtrieb*). On démêle 1 kil.50 de malt d'orge en farine, 1 kil.50 de malt de froment aussi en farine, et 1 kil.50 de farine de seigle de la manière qui a été indiquée ci-dessus, on abandonne une demi-heure pour la saccharification, on refroidit jusqu'à 32° à 33°C., et on ajoute à la masse en fermentation en brassant constamment. Cela fait, on dissout 60 grammes de sel ammoniac dans 1 litre d'eau, et on ajoute à la cuve toujours en brassant. Le principal travail est alors terminé, et le moût à levain est abandonné à la fermentation pendant 6 heures.

Pendant tout ce temps il se développe et s'échappe de l'acide carbonique en abondance; le moût se couvre d'écume; la hausse doit avoir au moins $0^m.30$ de hauteur, et il faut en outre observer cette mousse attentivement pendant 5 heures. Dès que la levure écumeuse commence à s'affaisser, on passe toute la masse à travers un tamis de crin et on la couvre entièrement d'eau dans un cuveau plat d'assez grande dimension; cette eau doit être aussi froide qu'il est possible. Au bout de 12 heures, la levure s'est précipitée au fond; on décante la première eau adroitement et sans perdre de levure; on donne la seconde eau, on y agite la levure et on laisse de nouveau en repos pendant 8 à 10 heures; on décante de nouveau avec adresse, et à cette époque la levure a déjà acquis une certaine consistance. On en fait alors l'essai au papier de tournesol; si celui-ci se colore fortement en rouge, on arrose encore la levure avec l'eau fraîche qu'on laisse séjourner dessus pendant 8 heures. Dès qu'on a évacué cette eau, on trouve une masse hépatique, indice déjà d'une bonne qualité. Une mauvaise levure ne se dépose pas, et par conséquent ne peut pas être soumise à la pression.

Cette levure est alors versée dans des sacs doubles cousus solidement, qu'on suspend pendant environ 2 heures pour que la majeure partie de l'eau qu'ils renferment puisse s'égoutter, puis on les réunit solidement, et on les pose entre deux claies d'osier sur le plateau d'une presse à levier sans charger celui-ci de pierre. Quand la majeure partie de l'eau s'est écoulée, on applique une grosse pierre sur l'extrémité du levier et on presse énergiquement. Cela fait, on retire le sac de la presse, on le vide, et la levure est découpée en pains d'un demi-kilogramme, qu'on livre à la consommation.

Cette levure, ainsi fabriquée, est plus active que celle de distillerie, parce qu'elle ne contient pas de fécule de pommes de terre; c'est une matière pure pour les fermentations.

On n'échaude pas les sacs pour les nettoyer, parce qu'ils deviendraient trop durs, et qu'il ne serait plus possible de les employer dans le pressurage de la levure; ils doivent être traités à froid et lavés dans une lessive de soude.

En terminant, M. Böhm donne un bon conseil aux distillateurs.

Une chose fort importante dans une distillerie, c'est, dit-il, que l'eau qui est nécessaire à la fabrication de la levure ne soit pas empruntée à une chaudière où l'on fait habituellement bouillir de l'eau, et cette circonstance a conduit à plusieurs mécomptes.

Les chaudières à vapeur ne sont pas fréquemment nettoyées, et la vapeur qui se rend librement dans les cuves où l'on fait bouillir de l'eau, entraîne avec elle une certaine quantité de substances terreuses ou autres matières, qui ont toujours pour effet d'empêcher la levure de se déposer; tantôt ces substances prennent part à la fermentation, tantôt elles affectent un degré exagéré d'acidité, et le plus souvent il n'est pas possible de leur faire perdre leur caractère acide. Ces trois circonstances suffisent pour n'obtenir avec cette sorte de levure, qu'un rendement médiocre en alcool. En conséquence, on ne peut conseiller aux distillateurs qui ne se laissent pas arrêter par la dépense, de se procurer une chaudière pour levure en fer et à doubles parois, ou du moins une chaudière en cuivre, semblable à celle décrite à la page 231.

§ 4.   FABRICATION DE LA LEVURE PURE.

M. Pasteur a pris, en 1873, un brevet d'invention pour la fabrication spéciale d'une levure pure, brevet dont voici un extrait :

« Les altérations, dit-il, qui se reproduisent dans les levains de bière, dans le moût de bière, et dans la bière elle-même, ont pour cause la présence d'organismes microscopiques dont le développement et la multiplication s'accompagnent de la fermentation de substances qui dénaturent les propriétés du moût, de la bière ou des levains, et qui, dans tous les cas, s'opposent à la conservation de la bière au-delà d'un certain temps.

« Ces organismes sont des ferments de maladie; ils existent en proportion variable dans les moûts refroidis et préparés par les procédés actuels, dans les levains, et par suite dans toutes les bières.

« J'ai donc imaginé de supprimer dans ces trois produits, levain, moût et bière, l'existence et la multiplication des ferments étrangers, par l'application à la brasserie, des moyens suivants :

« 1° Obtention du levain pur, par l'éloignement des germes organisés.

« 2° Manipulation du moût pendant son refroidissement, depuis la chaudière, où tous les germes de maladie sont tués, jusqu'aux cuves, tonneaux ou appareils de fermentation, et jusqu'après la fermentation, sans qu'il puisse reprendre au contact des ustensiles en usage, des germes nuisibles pouvant se multiplier et dénaturer ultérieurement les produits.

« 3° Refroidissement en vase clos, en présence d'une quantité d'air purifié et limitée, ou de gaz acide carbonique.

« *Levain.*— La source de ce nouveau produit, que M. Pasteur appelle *levain pur,* ou *levure sans germes étrangers,* peut être obtenue par des moyens variés ; M. Pasteur se borne à indiquer le suivant :

« Prenez de la levure impure, faites-la agir sur une dissolution de sucre candi dans l'eau pure.

« Quand la fermentation sera terminée, décantez le liquide fermenté, et par-dessus le dépôt de levure replacez une nouvelle quantité d'eau sucrée. Répétez cette opération deux ou trois fois, plus ou moins suivant le cas. Prenez alors une cuvette plate de porcelaine, semblable à celle dont se servent les photographes, et qu'on aura passée dans l'eau bouillante ; mettez dans cette cuvette un peu de moût de bière récemment bouilli ou conservé dans des bouteilles, suivant la méthode d'Appert ; puis délayez dans ce moût un peu de levure du dépôt de fermentation dont il s'agit et recouvrez d'une lame de verre. La levure plus ou moins épuisée par son action sur l'eau sucrée se développera et se rajeunira rapidement et elle se trouvera purifiée de ses ferments de maladie. On peut répéter l'opération de la cuvette avec une deuxième cuvette en délayant dans le nouveau moût de bière qu'on y place un peu de levure formée sur le fond de la cuvette précédente.

« Pour s'assurer de la pureté de la levure, on peut avoir recours à l'observation microscopique, qui ferait facilement reconnaitre la présence de ferments de maladie et rechercher si la levure peut donner lieu à de la bière inaltérable à toute température.

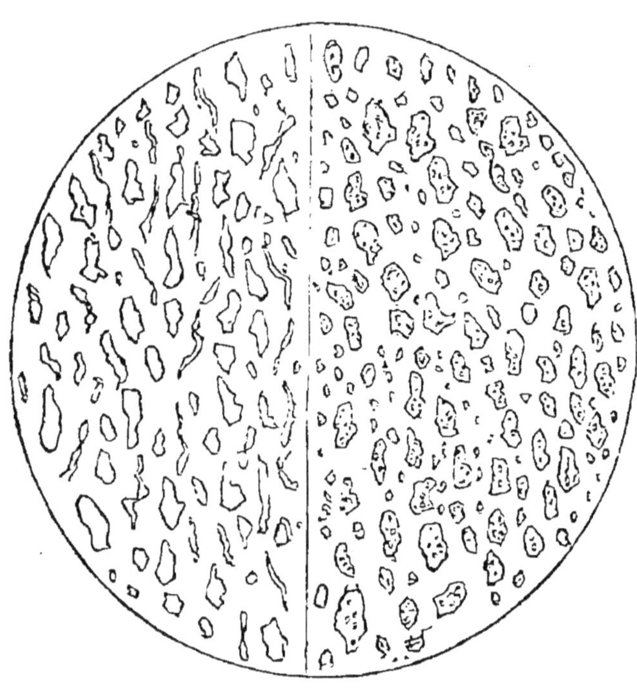

Fig. 3.

« La figure 3 représente dans sa moitié droite une levure alcoolique pure et dans sa moitié gauche une levure alcoolique associée à des ferments filiformes de maladie.

« A cet effet, on prend un ballon disposé comme l'indique la figure **4**; la dimension de ce ballon peut être quelconque; on le remplit environ à moitié de son volume avec du moût de bière, lequel est rendu inaltérable par une ébullition préalable dans le ballon même.

« La tubulure A B est fermée par un tube de caout-chouc BC et un bouchon de verre C D. On enlève le bouchon de verre et avec le tube MN on introduit une ou plusieurs gouttes de levure de la cuvette délayée dans un peu de liquide qui surnage cette levure. La levure semée se multiplie, le moût de bière fermente et se transforme en bière.

« Si cette bière, examinée au microscope après un séjour de quelques semaines dans une étuve de 20 à 25° C., n'offre pas du tout de ferment de maladie, c'est que la petite quantité de levure qu'on a semée dans le ballon était elle-même parfaitement exempte de ces ferments.

« Avec le levain ainsi obtenu, on est en mesure d'en préparer de plus grandes quantités, la levure se régénérant dans la fabrication même de la bière. On peut également le conserver indéfiniment dans sa pureté, au contact de l'air pur, c'est-à-dire purgé des germes d'altération des levains spécialement à l'aide du vase fig. 4 ou de tout autre vase remplissant les mêmes conditions. On peut également le transporter au loin sans qu'il s'altère, et dès lors en partant de cette source de levain pur, on pourra préparer du levain en tout lieu, en toute saison et en aussi grande quantité que l'on puisse le désirer. C'est là un progrès considérable dans l'art de la brasserie, puisqu'il permet d'affranchir le brasseur de la nécessité de recourir à la levure des brasseries plus ou moins éloignées, quand sa propre levure est détériorée et de mettre à sa disposition un levain pur inaltérable.

« Les levures alcooliques, réellement distinctes par

leur nature propre, pourront être semées et cultivées
sans s'altérer par l'emploi des vases fig. 4 et 4 *bis*. »

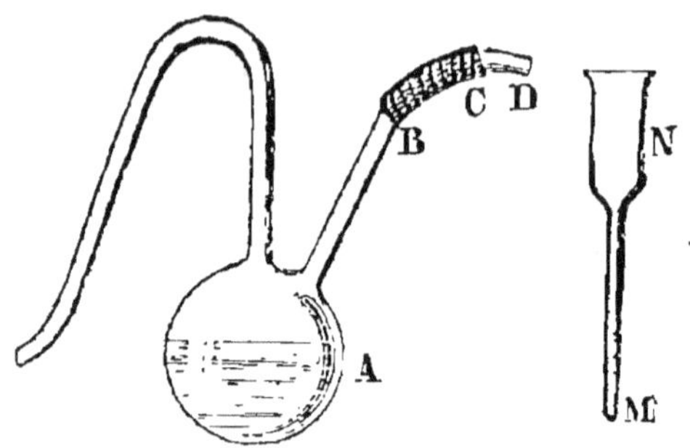

Fig. 4.   Fig. 4 *bis*.

M. Pasteur a aussi annoncé, en 1874, dans son mémoire lu à la Société centrale d'agriculture, qu'il avait
trouvé le moyen de mettre en œuvre les ferments
organisés dans un état de pureté irréprochable. Il en
est résulté qu'il a pu déposer dans un milieu minéral sucré, de la levure tout à fait pure sans mélange des moindres germes d'organismes étrangers à
sa nature et, d'un autre côté, qu'il a pu manier un
liquide à l'abri de l'air commun sans qu'il puisse
recevoir de celui-ci aucun germe capable de se développer ultérieurement. C'est ainsi que la levure pure,
semée dans un liquide également pur, y vit sans être
gênée par les infusoires ou par les levures lacti-
ques, etc.

On prend un vase qui ne contient à l'origine que
de l'eau distillée, du sucre candi très-pur, des cendres de levure et un sel d'ammoniaque, on y dépose
une trace pour ainsi dire impondérable de levure. La
fermentation s'y établit activement, la levure d'une
blancheur et d'une pureté très-grande s'y développe

en poids déjà relativement considérable. Le sucre disparaît complétement sans éprouver d'autre fermentation que la fermentation alcoolique. On peut, par ce moyen, faire fermenter des kilog. de sucre et développer toute la levure correspondante, en obligeant celle-ci à emprunter tous ses matériaux nutritifs à un milieu minéral, l'azote de ses matières azotées à l'ammoniaque, son carbone au sucre, c'est-à-dire à la matière fermentescible, son phosphate et son soufre à des phosphates et à des sulfates alcalins ou terreux. C'est là la meilleure preuve qu'on puisse fournir que la fermentation alcoolique est corrélative de la nutrition et de la vie de la levure et la condamnation des théories de Liebig, de Berzelius et de Mitscherlich.

Manipulation du moût. — M. Pasteur décrit ensuite une des formes de son nouveau procédé de fabrication et de conservation de la bière et des préparations de levains entièrement exempts des maladies et cette fois sur une échelle quelconque.

On dispose l'appareil en tôle ou en cuivre étamé, fig. 5, qui se compose d'un cylindre creux reposant sur un plancher et fermé par un couvercle dont le bord tombant s'engage dans une gouttière pleine d'eau.

Le moût de bière proprement dit ou tout autre moût préparé est conduit dans le cylindre qu'on remplit complétement ; on pose le couvercle.

Au moyen du tube en caoutchouc c, d, on réunit le tube métallique a, c (qui est scellé au couvercle et fourré dans une des tubulures qui le surmontent) avec le tube d, e, f, g. Sur le couvercle, sur les douilles, sur les bouchons, on jette de l'eau bouillante, qui remplit la gouttière et dont l'excès passe dans une seconde gouttière extérieure où l'eau ne peut sé-

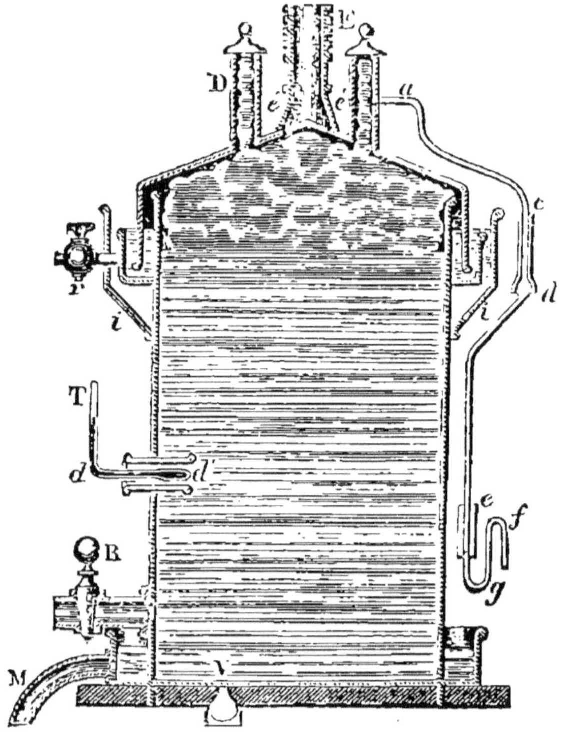

Fig. 5.

journer, parce qu'on a laissé un petit intervalle ou une couronne de petits trous entre la partie infé-rieure *i, i* de cette gouttière et le cylindre. L'eau s'écoule ensuite au dehors après s'être rassemblée dans une troisième gouttière inférieure dont le tuyau de décharge est en M ; T est un thermomètre coudé qui donne la température du moût ; son réservoir est protégé par la douille *d', d'* percée de trous ; *r* est un robinet de vidange pour la gouttière qui sert de cou-vercle de fermeture hydraulique ; *r*, V sont des robinets ou ouvertures de vidange pour le liquide du cylindre et de son dépôt.

On laisse l'appareil ainsi rempli se refroidir par le contact de l'air extérieur, et plus tard si on le juge utile, par de l'eau froide amenée par la douille E soudée au couvercle et que celle-ci laisse écouler en nappe sur le couvercle par les ouvertures e', e' pratiquées à la base de la douille, élargie en forme d'entonnoir renversé. L'air extérieur rentre dans l'appareil par le long tube g, f, e, d, c, a pendant toute la durée du refroidissement.

On met alors en levain, ce qui se fait par la douille D. On referme ensuite cette douille, et lorsque la fermentation est en train, l'acide carbonique se dégage par l'extrémité du tube f, g. On peut adapter à la douille D un tube semblable au tube a, c, d, e, f, g, et si l'on veut d'une longueur différente afin de faire écouler le gaz carbonique pendant que des quantités d'air limitées rentrent par l'autre tube.

On peut facilement refroidir le moût en présence du gaz acide carbonique, en faisant arriver ce gaz sous le couvercle pendant la durée du refroidissement. Le tube f, g peut se terminer par un tampon lâche d'asbeste ou de coton ou par un tube métallique chauffé pendant la rentrée de l'air. Une goutte de liquide dans la courbure g sert à indiquer le mouvement des gaz.

Les appareils peuvent changer de formes de diverses manières; mais tous ceux qui, d'une façon ou d'autres éloigneront les germes de maladies apportés par les matières premières, par les levains, par les ustensiles, rentrent dans l'application du procédé.

Ce procédé exige impérieusement l'emploi d'un

levain tout à fait pur, c'est-à-dire privé des germes de maladies auxquelles la bière est sujette. Toutes les bières fabriquées par ce procédé peuvent se conserver sans l'emploi de la glace. Par ce procédé, on peut faire la bière avec autant de facilité dans les pays chauds que dans les pays froids en été qu'en hiver. Comme on n'a pas à craindre l'altération du moût, on peut mettre en levain avec des quantités quelconques même très-petites de levain pur.

Dès lors, voici la suite des pratiques essentielles de ce procédé. Introduire le moût bouillant dans l'appareil ; poser le couvercle si l'appareil en est muni, car cela n'est pas indispensable. Le cylindre peut être entièrement clos et ne communiquer avec l'atmosphère que par ses douilles, ses robinets ou les longs tubes soudés aux douilles ; jeter par-dessus de l'eau bouillante, laisser refroidir (avec ou sans emploi d'eau froide) pendant que par le long tube g, f, e, d, c, a rentre de l'air ou de l'acide carbonique ; on a fermé préalablement une des douilles du couvercle par un bouchon traversé par un tube que termine un tube de caoutchouc ou un bouchon de verre.

On met en fermentation du moût de bière pur avec de la levure pure, et quand la fermentation est en train ou plus ou moins achevée, on verse le contenu par le tube qui traverse le bouchon de la douille de l'appareil à mettre en levain. Si on a déjà du levain pur d'une opération précédente, on peut s'en servir, comme dans les procédés ordinaires, et à la rigueur en découvrant la cuve après que la fermentation a commencé, ce qui, toutefois, peut avoir de graves inconvénients ultérieurement. Néanmoins, ce serait déjà améliorer beaucoup les procédés actuels que d'emprunter seulement au nouveau procédé la fabrication et l'usage des levains purs.

Le microscope et le moyen de contrôle indiqué plus haut permettent de reconnaître les altérations qui pourraient survenir dans l'emploi de ces derniers modes de travail.

On peut n'avoir qu'un seul appareil refroidisseur ou du moins quelques-uns seulement, et faire passer le moût dans des tonneaux ou cuves privés de germes de maladies, soit par l'eau bouillante (le goudronnage ou vernissage étant extérieur), soit par un goudronnage intérieur récent, tonneaux ou cuves où se ferait la mise en levain pur. Par l'emploi des tonneaux ou foudres, la bière se ferait à beaucoup d'égards comme on fait le vin.

Quand la bière est achevée, son exposition au contact de l'air dans une manipulation plus ou moins rapide, non plus que son collage par les moyens ordinaires, n'offre que peu ou point d'inconvénient sous le rapport de sa conservation ultérieure.

Voici donc quel est l'ensemble des moyens :

1° Obtention du levain pur par l'éloignement des germes organisés étrangers à la levure de bière; manipulation méthodique et spéciale du moût pendant son refroidissement, depuis la chaudière où tous les germes des maladies sont tués, jusqu'aux cuves, tonneaux ou appareils de fermentation, sans qu'il puisse reprendre des germes nuisibles au contact de l'air illimité ou des ustensiles appropriés; refroidissement en vase clos en présence du gaz acide carbonique ou en présence d'une quantité d'air purifié et limitée, emploi, s'il y a lieu, de tonneaux goudronnés ou vernis extérieurement;

2° Appareils au moyen desquels les procédés en tout ou en partie sont mis en pratique ;

3° Produits industriels nouveaux obtenus au moyen de ces procédés, soit la bière inaltérable, soit le levain pur, soit le moût pur, tous trois produits transportables à des distances quelconques sans qu'ils puissent s'altérer.

Quant à la partie du brevet de M. Pasteur qui concerne la préparation d'un levain pur, nous ferons remarquer que c'est exactement celle qu'on suit depuis longtemps dans les distilleries de la Hollande, où l'on livre, sous le nom de levure pressée, un produit d'une excellente qualité qu'on expédie dans le monde entier. La seule différence, c'est qu'à Scheidam on se sert d'un moût de distillation pour multiplier la levure, et que M. Pasteur emploie pour le même objet du moût de bière houblonné, ce qui doit nécessairement lui donner un levain moins pur que celui de Hollande. Il est vrai qu'il part d'un moût très-simple composé de sucre candi et d'eau, et qu'il parvient ainsi à obtenir un premier levain très-pur, mais il y mélange ensuite le moût de bière, ce qui peut très-bien en altérer la pureté.

Dans ce mode de préparation du levain d'origine, on pourrait au sucre candi ajouter un peu de phosphate de soude et quelques gouttes d'ammoniaque pour favoriser la végétation des cellules de levure.

Le moyen indiqué par M. Pasteur pour conserver le levain dans son état d'intégrité et de pureté, mérite qu'on en fasse l'expérience, mais il ne dit pas pendant combien de temps ce levain liquide peut se conserver, ni si on peut le faire voyager sans qu'il s'altère.

ARTICLE IV. — FABRICATION DE LA LEVURE
AVEC DISTILLATION.

Dans un grand nombre de distilleries de grains et de pommes de terre, on prépare, en même temps qu'on fabrique de l'alcool, une levure pressée fort estimée dont nous allons indiquer les modes de préparation, modes qui n'ont pas été partout décrits avec l'exactitude nécessaire, mais que nous chercherons à préciser en empruntant nos instructions à des savants ou à des praticiens distingués.

§ 1. PROCÉDÉ HOLLANDAIS.

M. G. Lacambre, ingénieur civil, dans son ouvrage intitulé *Traité complet de la fabrication des bières et de la distillation*, 2ᵉ édition, Bruxelles, 1856, a présenté, dans le tome 2ᵉ, p. 347 et 359, une description du procédé hollandais pour la fabrication de l'alcool avec production de levure, procédé que nous reproduisons intégralement.

« On verse, dit-il, dans une cuve assez vaste 7 à 8 hectolitres d'eau assez chaude pour qu'on puisse à peine en supporter le contact avec le bout du doigt (ce qui correspond à 60° C. environ), puis on verse les matières farineuses bien moulues (seigle et orge principalement), et deux hommes, au moyen de fourquets, brassent immédiatement la matière qui est parfaitement démêlée au bout de 10 minutes à un quart-d'heure. On ajoute alors au mélange pâteux 2 à 3 hectolitres d'eau bouillante et on continue à brasser la matière. Dès que cette trempe est opérée comme il convient, on couvre la cuve pendant une bonne demi-heure à trois quarts-d'heure, après quoi on brasse de nouveau et agite fortement le mélange de manière à le rafraîchir le plus promptement possible. Le second travail, qui dure communément une demi-heure à trois quarts-d'heure, est arrêté dès que le contre-maître juge que la température du mélange est abaissée convenablement.

« Quand on veut extraire de la levure d'une cuve macérée comme on vient de le dire, on la rafraîchit jusqu'à ce que sa température soit à 22 ou 24° C. et que la densité du moût soit tombée à 5 1/4 à 5 1/2 degrés Baumé. Alors on laisse en repos le mélange pendant 2 à 3 heures pour faire déposer au fond de la cuve les matières solides les plus grossières. Dès que ce dépôt est bien formé, ce qui a lieu ordinairement au bout de 2 à 3 heures, on décante et on soutire le liquide le plus clair (environ les trois cinquièmes du volume total) qu'on élève dans un bac plat, dit bac à levure, et qu'on nomme, en hollandais, *bovenback*, c'est-à-dire bac supérieur ; mais on ne donne à ce vaisseau cette dernière dénomination que lorsqu'il est effectivement placé au-dessus des cuves de macération, comme cela a lieu ordinairement. Or, il y a deux manières de faire ce travail : quelques distillateurs décantent le liquide clair de leur cuve de macération dans une autre cuve ou bac placé inférieurement dans le même cellier ; d'autres soutirent le liquide dans un vaisseau en bois commun à toutes les cuves de macération, et de là, au moyen de pompes, ils élèvent ces matières fluides dans un bac plat placé au-dessus des cuves de macération.

« Dans l'un et dans l'autre cas, quand le transvasement du liquide est effectué, on laisse fermenter paisiblement pendant 40 à 44 heures, enfin jusqu'à ce que la levure se soit bien formée et qu'elle soit assez compacte pour qu'on puisse la recueillir facilement.

« Voici ce qui a lieu dans le bac à levure pendant cette période de la fermentation : dès que le transvasement est terminé, la fermentation commence à se manifester et elle marche ensuite d'une manière lente, mais progressive et régulière ; il se forme à la surface du liquide une espèce de chapeau composée de levure et de matières ténues et légères, qui viennent à la surface former une couche peu consistante d'abord, mais qui ne tarde pas à acquérir assez de corps pour qu'on puisse la séparer facilement du liquide. Cette levure est recueillie dans des cuvettes mobiles, puis on la porte dans un atelier spécial, où on la délaie dans un peu d'eau froide, après quoi on la passe dans des tamis assez fins pour retenir toutes les impuretés. On laisse ensuite reposer la levure pendant 10 à 12 heures, après quoi on décante le liquide qui sert pour la mise en fermentation d'une nouvelle cuve de macération, et la levure qui s'est déposée au fond des cuvelles est versée dans des sacs de toile très-serrée pour être soumise à une forte pression qui la réduit en pâte très-compacte, et c'est dans cet état qu'on l'expédie dans tous les pays.

« Je reviens maintenant à la cuve de fermentation dans laquelle sont restées les matières solides les plus grossières avec un peu de liquide formant ensemble à peu près le tiers ou les deux cinquièmes du volume de la cuve. Dès qu'on a soutiré le liquide de cette cuve, la matière qui y reste commence à entrer en fermentation, et celle-ci marche bientôt si vivement que 12 à 14 heures après la mise en levain, il n'est plus possible de baisser la tête dans la cuve pour flairer l'odeur de la matière. L'intensité de la fermentation de la matière dans la cuve continue à s'accroître pendant 24 heures, puis elle décline et est ordinairement à peu près achevée au bout de 36 à 40 heures. Alors la levure étant formée sur le *bovenback*, on soutire tout doucement le liquide que renferme le bac et on le fait arriver de nouveau dans la cuve à fermentation, où on le mélange avec les matières solides fermentées qu'elle renferme. Cette nouvelle période de la fermentation étant terminée, on procède à la bouillie comme à l'ordinaire en faisant usage d'alambics simples chauffés à feu nu ou à barbotage simple de vapeur.

« Par ce procédé, généralement usité en Hollande, on obtient ordinairement 52 à 54 litres de genièvre par 100 kilog. de farine employée, et on retire 4 à 5 kilog. de levure en pâte de très-bonne qualité. »

La description précédente laisse plusieurs choses à désirer. Par exemple, on n'y indique pas le rapport entre l'orge et les autres grains, on ne dit pas si on doit employer du malt vert, du malt séché à l'air ou du malt plus ou moins touraillé. La trempe de saccharification s'y fait à une température trop élevée (eau bouillante), et la durée de cette opération est peut-être trop limitée. En outre, il n'y est pas question de la nécessité qui paraît bien reconnue aujourd'hui, d'avoir un moût franchement acide pour obtenir la moisson la plus abondante possible de levure. Enfin, on ne fait pas usage pour cela de la vinasse de distillerie. Malgré ces lacunes, le procédé est bien expliqué et donne une idée assez précise de la manière dont on procède en Hollande, dans la fabrication de la levure pressée.

§ 2.   PROCÉDÉ ALLEMAND.

Le même ingénieur auquel nous avons emprunté l'article précédent a aussi, à la page 361 de son ouvrage, donné la description du procédé allemand pour fabriquer en même temps de l'eau-de-vie et de la levure.

« Généralement en Allemagne, mais plus particulièrement en Saxe et en Bohême, dit M. Lacambre, la plupart des distillateurs de grains fabriquent, comme en Hollande, une grande quantité de levure fort estimée.

« Voici comment on procède en ces pays, pour opérer la distillation des grains et en retirer le plus de levure possible.

« On prend un tiers de malt d'orge, un tiers de seigle, et un tiers de froment ordinairement, on fait moudre le tout ensemble, sans écraser bien finement les graines, et on procède à la macération de la manière suivante : on verse d'abord l'eau dans une cuve de macération placée plus haut que le bac refroidissoir qui, lui-même, est situé au-dessus des cuves de fermentation. La quantité d'eau employée pour opérer la macération, est généralement de 3 litres par kilog. de matière farineuse, et sa température est de 60 à 64° R. (75° à 80° C.). Dès qu'on a donné la quantité d'eau voulue dans la cuve de macération, on y verse la farine, sac par sac, tandis que deux ou trois ouvriers armés de fourquets, brassent vivement la matière. Dans les grandes distilleries, ce travail se fait avec des moulinets brasseurs semblables à ceux qu'on emploie dans les cuves-matières des brasseries.

« Dès que le démêlage des matières farineuses et de l'eau est parfait, on laisse reposer pendant 2 à 3 heures en agitant toutes les demi-heures. Puis on vide la cuve de macération en faisant d'abord couler un huitième ou un dixième de la matière dans une cuve plate, destinée à préparer du levain, et le reste est versé sur un grand bac refroidissoir, où l'on abaisse la température du mélange jusqu'à 45 ou 50° C. selon la saison. Dans les distilleries bien organisées, ce refroidissement s'opère ordinairement dans un bac plat où l'on agite constamment la matière et l'air au moyen d'un moulinet muni d'un ventilateur. Quand le refroidissement de la matière est suffisant, on l'entonne dans des cuves de fermentation de 1 mètre à 1 mètre 30 de hauteur sur 2 à 3 mètres de diamètre moyen, puis on y ajoute un peu d'eau fraîche ou de vinasse clarifiée et refroidie, et on y fait couler le levain préalablement préparé de la manière suivante :

« Comme je l'ai dit, à chaque opération une partie de la matière sortant de la cuve de macération est reçue dans une ou plusieurs cuves larges et peu profondes, dites *cuves à levain*, où on laisse la température du moût tomber jusqu'à 36 ou 40° C., ce qui demande 18 à 20 heures ; après cela, on y ajoute un peu de vinasse froide et du ferment, ou bien les eaux provenant du lavage de la levure faite la veille, ou un peu de levain déjà mûr, c'est-à-dire déjà fait; on ajoute ordinairement à la matière macérée 1/3 de son volume en vinasse bien froide ou 1/3 d'eau provenant du lavage de la levure, de manière à abaisser la température du mélange à 22° à 25° C., on laisse alors ce mélange en repos. Au bout de 4 à 5 heures, il entre en fermentation, et 15 à 18 heures après, il est couvert d'un chapeau épais dont le dessous est en grande partie composé de levure très-grasse. Alors le levain est propre à être employé pour mettre en fermentation le moût des grandes cuves.

« Quand on veut mettre en levain une cuvée de moût, on mélange bien les matières que renferme la cuve à levain, puis on fait couler le tout dans la cuve à mettre en fermentation.

« Pendant qu'on fait couler le levain dans le moût que renferme la cuve de fermentation, on agite bien la matière, puis on couvre la cuve et on laisse en repos pendant 36 à 40 heures, enfin, jusqu'à ce que la fermentation soit arrivée à la seconde période de fermentation, c'est-à-dire jusqu'au moment où le chapeau commence à s'affaisser de lui-même ; alors un ouvrier découvre la cuve et rompt le chapeau, qu'il fait tomber au fond du vaisseau, en le délayant bien dans le liquide ; puis on abandonne encore la fermentation à elle-même, et à la surface du liquide, il ne tarde pas à se former un nouveau chapeau moins épais et moins compacte que le premier. Quand ce second chapeau, qui est en grande partie composé de levure, est assez consistant pour qu'on puisse le ramasser, on le recueille dans des cuvettes, et on porte cette levure brute dans un local spécial, où après l'avoir délayée dans un peu d'eau froide, on la passe d'abord sur un tamis qui retient les matières étrangères, et laisse passer la levure avec le liquide. Ce liquide est ensuite mis dans des sacs en étoffe très-serrée, et soumis ensuite à une pression graduée qui en exprime la majeure partie de l'eau et réduit la levure à l'état de pâte.

« Le liquide qui sort par la pression et les eaux de lavage des cuvettes à levure, servent à mettre les cuves à levain en fermentation, et la levure pressée réduite à l'état de pâte très-ferme, est mise dans de petits sacs en toile serrée ou bien dans de petites caisses doublées avec des feuilles de plomb ou d'étain, qui recouvrent parfaitement toutes les surfaces de la levure, et la préservent ainsi du contact de l'air. En Bohême, on suit généralement ce dernier mode d'emballage quand on doit envoyer la levure au loin.

« Maintenant, revenons au liquide fermenté. Quand les matières renfermées dans les grandes cuves ne fermentent plus, on procède à la bouillée, ce qui a ordinairement lieu au bout de 60 à 68 heures après la mise en fermentation.

« La distillation des matières fermentées qui, en Saxe et en Bohême, s'opère généralement dans des appareils à barbotage simple de vapeur, étant terminée, on laisse ordinairement reposer le résidu pour en décanter 1/3 ou 1/2 du liquide clair, qu'on élève sur des bacs supérieurs où on le laisse entièrement refroidir. Puis on s'en sert comme je l'ai dit, pour diluer les matières macérées.

« Un assez grand nombre de distillateurs allemands pratiquent le mode de fabrication que je viens de décrire, mais ne font point usage de vinasse pour diluer les matières macérées dans les bacs à levain, ni dans les cuves de fermentation. D'autres n'emploient point de vinasse pour préparer le levain, mais ils s'en servent pour diluer le moût dans les cuves de fermentation. »

§ 3. PROCÉDÉ DE M. LACAMBRE.

Enfin, M. Lacambre a imaginé, pour produire de la levure pressée, un procédé dont nous allons reproduire la description, après avoir fait connaître un appareil dont cet ingénieur est l'inventeur et qu'il a destiné à la saccharification des grains, des pommes de terre et des fécules.

Fig. 6, coupe transversale de l'appareil selon un plan perpendiculaire à son axe de figure.

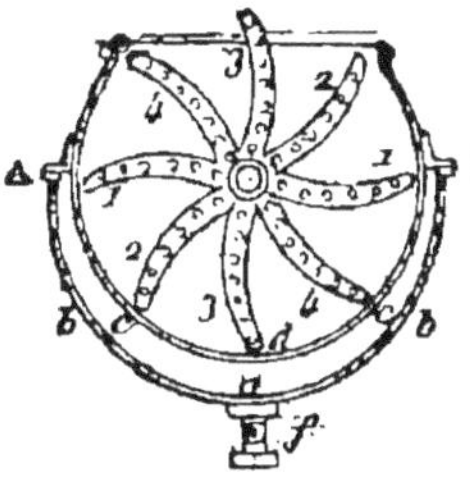

Fig. 7, coupe en plan de l'appareil selon AB le moulinet intérieur étant enlevé.

a, capacité de l'appareil destinée à recevoir les matières. Cette capacité est de forme cylindrique, mais peut être sphérique ou autre.

b, enveloppe extérieure ayant aussi une forme cylindrique.

c, capacité comprise entre les deux surfaces cylindriques.

d, orifice de décharge de l'appareil qui doit être muni d'un large robinet pour évacuer promptement toutes les matières souvent visqueuses et épaisses.

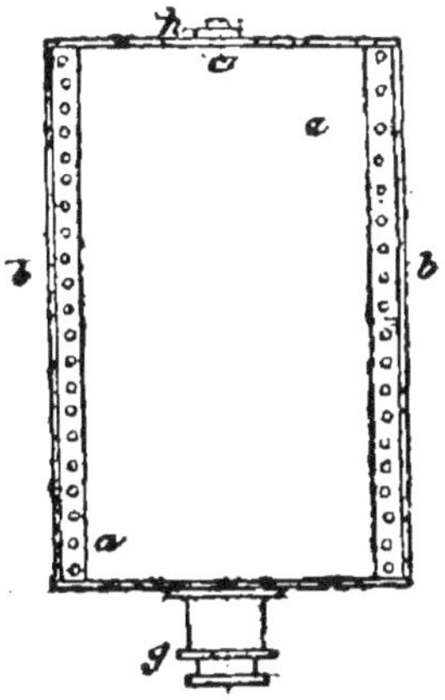

Fig. 6.

Fig. 7.

f, robinet de décharge pour l'eau de condensation de la vapeur.

L'arrivée de la vapeur a lieu par l'orifice qu'on voit dans la capacité c. L'appareil est chauffé par la vapeur ou par la circulation de l'eau chaude et refroidi par une circulation d'eau froide.

g, boîte de bourrage de l'arbre du robinet débatteur, servant en même temps de coussinet à l'arbre h dont le prolongement au dehors reçoit une poulie ou un engrenage destiné à lui transmettre le mouvement de rotation. Sur cet arbre sont fixés des bras en fer ou en fonte 1, 2, 3, 4 placés en hélice et munis de petites baguettes en fer servant à débattre les matières farineuses avec l'eau. L'arbre h doit faire 26 à 27 tours pour opérer promptement le débattage; s'il tournait plus vite, il projetterait les matières.

La manière de se servir de cet appareil est fort simple. On remplit aux 2/3 ou à moitié d'eau plus ou moins chaude (54 à 62° C.), la capacité a, puis on y verse le mélange farineux, qu'on débat avec soin, soit à la main, soit mécaniquement, et dès que le mélange est parfait (15 à 20 minutes à la main, 8 à 10 à la mécanique), au moyen d'une circulation d'eau chaude ou de vapeur, on élève la température au degré voulu, et dès que la saccharification est assez avancée, on rafraîchit le mélange, si cela est nécessaire, en introduisant de l'eau froide entre les deux cylindres, et on laisse écouler celle-ci par le robinet f au fur et à mesure qu'elle s'échauffe. On peut ainsi en 10 à 20 minutes chauffer et refroidir le mélange au degré voulu, ce qui offre les avantages signalés.

Voici maintenant le procédé de M. Lacambre :

«Les grains étant très-finement moulus et mélangés avec 30 à 40 de malt pour 100 de grains, on les verse dans une trémie placée au-dessus de l'appareil qu'on vient de décrire, puis on fait arriver dans l'appareil au moins 3 à 3 1/2 litres d'eau par kilogramme de matières farineuses, chaude à 76 ou 78° C. On s'arrange de manière à ce que la surface du liquide s'élève à 8 ou 10 centimètres au-dessus de l'arbre horizontal, sans quoi les matières adhéreraient à cet arbre.

« Les choses étant ainsi disposées, l'appareil renfermant de l'eau jusqu'à la hauteur voulue, et son degré de température étant de 76 à 78° C., on met en jeu l'agitateur et au moyen d'une glissière à coulisses placée sous la bouche de la trémie, on fait descendre régulièrement et modérément les matières farineuses qui doivent tomber tout le long vers la ligne centrale de l'appareil en formant une nappe mince qui soit promptement délayée. Quand la trémie est bien organisée, les matières peuvent être entièrement versées et délayées en 10 ou 15 minutes, suivant la grandeur de l'appareil.

« Quand on a fait tomber toutes les matières farineuses que renferme la trémie et qu'elles sont parfaitement délayées dans l'eau, on ajoute un peu d'eau bouillante dans l'appareil, 10 à 20 pour 100 du volume total, puis on donne un filet de vapeur entre les deux enveloppes, de manière à élever lentement la température du mélange jusqu'à 66 ou 68° C. Dès qu'on a atteint ce degré de température, on ferme le robinet de vapeur et on arrête le jeu du robinet pendant une demi-heure. Pendant ce repos, les matières féculentes hydratées se transforment en dextrine et en glucose, et les grosses matières qui renferment encore beaucoup de fécule se déposent au fond de l'appareil ; au bout d'une demi-heure à trois quarts-d'heure, on peut agiter de nouveau pendant quelques instants pour mettre en suspension dans le liquide les matières solides lourdes qui achèvent ainsi de se saccharifier en répétant deux ou trois fois cette opération et en prolongeant la durée de la saccharification qui, pour être aussi complète que possible, doit durer de 3 1/2 à 4 heures.

« Quand la saccharification est terminée, on vide la matière sur un bac refroidissoir pour l'exposer au grand air et la refroidir en même temps. Dès que sa température est descendue à 36 ou 40° C., on la fait couler dans une cuve de réunion où on la mélange avec une proportion d'eau et de vinasse suffisante pour amener la densité du mélange à 5 ou 5° 1/2 Baumé et pour abaisser sa température jusqu'à 22 ou 24° C. Puis on met en levain comme à l'ordinaire, après quoi on laisse reposer le mélange jusqu'à ce qu'un commencement de fermentation presque imperceptible à l'œil nu commence à se développer. Alors on décante dans un bac peu profond la partie la plus claire du moût dont on veut extraire de la levure; puis on opère comme par le procédé hollandais que je viens de décrire à la page 237. »

§ 4.   PROCÉDÉ DU NORD DE L'ALLEMAGNE.

Nous avons précédemment décrit un procédé de fabrication de la levure pressée tel que M. Lacambre assure qu'on le pratique en Allemagne. Nous allons maintenant nous étendre un peu plus sur cette fabrication, telle qu'elle est organisée tant en Autriche que dans le nord de l'Allemagne, en empruntant les détails de cette industrie à divers ouvrages allemands et en particulier à celui qu'un praticien distingué, M. H. Böhm, a publié sous le titre : la *Science de la distillation de l'eau-de-vie* (1).

« La fabrication de la levure pressée, dit M. H. Böhm, quand on en a le débit assuré, donne lieu à un bénéfice secondaire assez important pour une distillerie. Peu d'établissements se livrent à ce genre d'industrie, parce qu'elle est un peu chanceuse ou bien parce que beaucoup de distillateurs ignorent comment on conduit cette fabrication. Tantôt ils obtiennent la fermentation propre et nécessaire à la production de la levure, et tantôt ils n'atteignent que la formation écumeuse de la levure. La cause de ces variations est que le distillateur ne sait pas comment, dans ce cas, on doit maintenir le moût dans un certain état d'acidité. Or, pour fabriquer la levure avec quelque succès, il faut qu'il y ait avant tout formation la plus énergique possible d'acide lactique pendant le refroidissement du moût. C'est à atteindre ce but que consiste tout l'art du fabricant de levure.

« Il y a bien peu de distilleries dans le nord de l'Allemagne qui soient basées sur la fabrication de la levure seule, attendu qu'il n'y a que la distillation des pommes de terre, combinée avec celle des grains et la fabrication de la levure qui se soit montrée rémunératrice. Pendant bien des années de fabrication de la levure pressée, j'ai acquis assez d'expérience pour apprendre à travailler avec beaucoup de profit et dans l'intérêt du public, je ferai connaître un procédé de macération qui suffira complétement pour fabriquer une levure pressée d'un aspect satisfaisant

(1) Das neueste und interessanteste der gezammten Brantwein-Brennerei-Kunde. Berlin, 1873, in-8, 7ᵉ édition.

et d'une activité toute particulière, et malgré que beaucoup de fabricants de cette sorte de levure gardent encore le secret de cette branche d'industrie, je démontrerai qu'il n'y a rien de secret dans cette fabrication.

« Ainsi que je l'ai dit précédemment, l'art tout entier de la fabrication de la levure pressée repose sur le degré correct d'acidité du moût pendant le refroidissement. Je ne donnerai pas mon mode de macération comme le plus avantageux possible, mais tout ce que je sais, c'est que pendant plus de 23 ans, il a été pour moi le plus rémunérateur et que beaucoup de fabriques étrangères n'ont eu qu'à s'en louer.

« Jusqu'à présent, suivant mon procédé, j'ai constamment récolté 4,5 à 5,5 kilog. de levure pure sans aucune addition de fécule, et, en outre, de chaque kilogramme de matière amylacée, de 9 à 11 pour 100 d'alcool.

« Le seigle et l'orge sont les deux céréales qu'on travaille avec le plus d'avantage dans la fabrication de la levure, puis vient le froment qui est fortement germé, et enfin le maïs après qu'on l'a débarrassé de ses enveloppes et qu'on l'a moulu très-finement. Quant au seigle, il entre, dans les mélanges avec le malt d'orge, dans le rapport de 3 à 1 ou 3 parties de seigle pour 1 de malt. La substance sèche, relativement à l'eau du brassage, doit être dans le rapport de 1 à 5. Si on emploie du maïs, on prend 2 parties de seigle, 1 partie de maïs et 1 partie de malt et de l'eau dans le rapport de 1 à 6. »

Voici maintenant la préparation du moût dans le procédé allemand de M. Böhm.

I. Si on suppose qu'on prenne 400 kilog. de grains,

le malt compris, pour fabriquer de la levure pressée, on mélange 300 kilog. de seigle très-finement égrugé avec 100 kilog. de malt pâle d'orge, aussi égrugé finement et passé, s'il est possible, à travers un blutoir de gros numéro. Ces deux farines renfermées dans des sacs sont transportées dans la chambre à macération, où on les verse légèrement dans la cuve-matière.

Cela fait, on verse environ 460 litres d'eau à 65° C. dans cette cuve-matière, et on y mouille et pétrit avec soin les 400 kilog. de grains égrugés de manière à en former une masse où l'on n'observe plus le plus léger grumeau et le moindre pâton. Dans cette masse, on démêle habilement environ 1 kilog. de levure pressée délayée dans de l'eau. Plus tard, lorsque la fabrication est en pleine activité, et dès qu'on peut disposer de ce qu'on appelle des eaux de lavage ou de levure, on se sert de cette eau portée à une certaine température pour faire la trempe, et on se dispense d'ajouter de la levure.

Cette trempe est abandonnée au repos pendant à peu près une demi-heure, de façon qu'à la deuxième trempe elle se démêle mieux, parce qu'il y a déjà eu formation de dextrine. Alors on fait arriver lentement, et en brassant constamment, l'eau de la seconde trempe ou de saccharification, et non pas, autant que possible, à la même place, parce qu'autrement le moût serait échaudé. En cet état, la matière amylacée est bien uniformément répartie dans l'eau, et la température finale de ce moût est 62 à 63° C. Une température plus élevée nuirait à l'aspect de la levure qui deviendrait grisâtre. Dans cet état, on prend le tamis dit à pâtons, et on écrase dessus et fait passer à travers les grumeaux réduits qui flottaient à la surface.

II. On abandonne alors la cuve au repos pendant 3 à 4 heures pour laisser à la saccharification le temps de se parfaire, d'abord couverte pendant 1 heure 1/2, puis découverte. Du moment que la cuve est découverte, on la brasse tous les quarts-d'heure pendant une minute. Cette opération est très-facile dans les distilleries pourvues de machines à vaguer. Lors de la dernière heure, le moût se couvre à la surface d'une écume blanche qui se développe au même taux que l'acide lactique, et c'est ce qu'on exprime en disant que le brassin crème, ce qui est d'ailleurs un indice favorable de la formation de la levure. Le développement de l'acide lactique dans le moût est favorisé d'ailleurs par l'addition de la levure ou celle des eaux de lavage, et l'intervention de l'oxygène qui opère la décomposition complète des matières azotées. La formation de cet acide lactique est alors complète, car sans cela il n'y aurait pas de fermentation haute ou superficielle bien active et pas de récolte abondante de levure. Le moût est alors coulé sur le bac où on le laisse refroidir à 40 ou 41°, et lorsqu'il est descendu à cette température il est envoyé dans la cuve à fermentation.

Dans les pays du midi de l'Allemagne, il est indispensable, en hiver, que le moût soit transporté sans délai dans la cuve à fermentation, et qu'au lieu d'eau à rafraîchir on y verse de la vinasse claire ou, par 400 kilog. de grain, 3 kilog. de sulfate de soude délayé dans l'eau et qu'on y brasse fortement.

III. Quand on prépare un moût pour la première fois et de prime abord pour fabriquer de la levure, on manque encore de vinasse claire. L'acide lactique glaireux qui se trouve dans la vinasse est alors entièrement perdu jusqu'à la distillation de la première cuve. Il ne peut donc pas y avoir développement abondant de cet acide dans cette première cuve, et non plus une riche récolte de levure, mais bien d'alcool. Aussitôt donc que le moût est refroidi sur le bac à 41 ou 42° C., on le fait couler dans la cuve à fermentation, et on l'amène avec de la vinasse claire ou de l'eau, si on n'a pas de vinasse, jusqu'à la température pour mettre en levain, qui est, pour les Etats du midi, de 31 à 32° C. en hiver, et 27 à 28° en été, et, pour les Etats du nord, de 27 à 28° en hiver, et 23 à 24° en été. La vinasse procure, en outre, cet avantage, que l'écume de levure ne s'enfonce pas aussi aisément. En effet, la nature glaireuse de cette vinasse fait que cette écume se maintient plus longtemps à la surface du moût. A mesure qu'on enlève de la vinasse claire, il faut tenir les vases dans lesquels on la conserve dans un état de propreté extrême, et surveiller son acidité pour qu'il ne se forme pas d'acide acétique. Si cette vinasse est mordante, on en prend moins et on ajoute plus d'eau lors de la mise en levain de la cuve, de plus, on donne au moût de grain, par 100 kilog., 500 gram. d'acide sulfurique étendu de quatre fois son poids d'eau. Le vide dans la cuve doit être de 20 à 25 centimètres pour ne pas perdre d'écumes.

IV. Il est trop dispendieux de mettre en levure avec de la levure pressée pure, et, en outre, celle-ci n'a pas pendant longtemps l'effet qu'on obtient quand on met en levain avec la levure vigoureuse du moût qui se trouve dans la cuve-matière.

Lors donc que le moût est resté deux heures dans

la cuve-matière, on en pompe 3 hect. 50 qu'on refroidit jusqu'à 32 ou 33° C. ; on y délaie environ 1 kil. 5 de levure pressée dans le même poids d'eau chaude, et on mélange intimement avec ce moût ; en outre, on prend 30 grammes d'acide tartrique qu'on dissout aussi dans l'eau et qu'on verse et agite dans la levure. Au bout de peu de temps, le moût de levure fermente activement. Après 3 heures 1/2 à 4 heures, on enlève de la levure pour mettre en levain la cuve-guilloire, en ayant soin de tenir toujours couvert le vase à levure. Le moment de se servir de ce ferment est celui où la cuve-guilloire est bonne à mettre en levain, mais il n'y a aucun danger à ce que le ferment attende 3 à 4 heures.

V. Aussitôt que le moût a été mis en levain, la cuve est couverte entièrement jusqu'à ce que la fermentation se montre sur toute sa surface, c'est-à-dire jusqu'à ce que l'écume commence à monter, ce qui arrive au bout de 2 heures dans les pays tempérés, et de 6 heures dans les climats du nord. Après 6 heures environ, on peut, dans les premiers, puiser de la levure déjà arrivée à maturité, et seulement au bout de 10 à 12 heures dans les seconds. On reconnaît, comme signe certain, que l'écume a atteint la maturité requise quand les bulles ont perdu leur aspect vitreux. Cette écume devient plus dense et entoure chacune des bulles de bandes ou raies jaunâtres. Dès que cette apparence se présente, on procède au puisement de l'écume.

Deux petites jattes ou soucoupes légères et en bois, et une barette polie, de 8 centimètres de haut sur 6 à 7 millimètres d'épaisseur, qu'on promène pour rassembler la levure, servent aussi à la puiser.

Ce puisement est poursuivi avec quelques interruptions de temps en temps vers la fin, pour qu'il puisse se former une plus grande quantité d'écume, alors on recommence jusqu'à ce qu'il n'y ait plus que bien peu de cette écume à la surface. Il faut néanmoins laisser cette petite quantité d'écume dans la cuve, car si on enlevait la totalité de la levure, la cuve cesserait complétement de fermenter et passerait très-promptement à la fermentation acétique. On peut très-bien admettre que dans la fabrication de la levure pressée, si on veut se garantir contre les accidents et les pertes en alcool, on peut distiller dès le 3e mais non pas le 4e jour.

Le liquide qu'on a puisé est versé sur un tamis, les enveloppes qui restent dessus, bien arrosées avec de l'eau, sont mises en presse, recouvertes d'eau, puis remises dans la cuve après qu'on a puisé la levure et que celle-ci a été lavée. Ce puisement de la levure dure 4 à 5 heures, suivant le degré d'abaissement de sa température et suivant qu'on a refroidi plus ou moins.

VI. Aussitôt que la levure écumeuse est débarrassée des enveloppes adhérentes, on la dépose dans le cuveau à laver. Ce cuveau, qui est plus haut que large, est garni sur la hauteur de 6 à 8 trous avec bouchons ou robinets disposés obliquement les uns au-dessus des autres. Le cuveau est alors rempli jusqu'au cerceau le plus élevé avec de l'eau froide, et le tout est encore une fois brassé. On abandonne le vase au repos pendant environ 12 heures pour que les matières se déposent, et au bout de ce temps on ouvre le premier trou (1). L'écoulement se continue jusqu'au

(1) Cette première eau de lavage peut servir aussi à mettre la

robinet où la levure commence à se présenter; mais il ne faut pas chercher à priver absolument d'eau, parce qu'une trop petite quantité de ce liquide a pour conséquence de rendre pénible le pressurage de la levure et qu'une trop forte proportion affaiblit celle-ci. Il ne faut laver que jusqu'à ce que le papier de tournesol rougisse encore légèrement. Du reste, on n'a qu'à observer comment elle se dépose. Si elle est dense et d'aspect hépatique, elle se tasse d'elle-même, et il ne reste plus qu'à procéder au pressurage de la masse de levure.

VII. La masse de levure en bouillie épaisse ainsi obtenue est chargée actuellement dans une poche ou un sac en toile forte; il est préférable de prendre un

cuve-guilloire en train à la place de la vinasse à rafraichir, et elle remplit le même but que cette vinasse, et, dans bien des cas, lui est préférable.

La chaudière qui a paru la plus convenable pour chauffer les eaux de levure, est à double paroi et construite en tôle de fer et en cuivre, pouvant contenir 200 litres d'eau, plus ou moins, suivant l'importance. de la fabrication. La chaudière extérieure est en tôle de 5 à 6 millimètres d'épaisseur, celle intérieure en cuivre et de même épaisseur. L'intervalle entre elles est pourvu d'entretoises, contre lesquelles butte la chaudière intérieure, de manière à ce qu'on puisse l'enlever en cas d'accident et l'inspecter, car elle est libre dans celle extérieure. Un tuyau amène la vapeur d'échappement de la machine dans cet intervalle, un autre sert à évacuer l'eau de condensation ; un robinet qu'on ouvre en même temps que celui de vapeur, et qui reste ainsi ouvert jusqu'à ce que la chaudière soit arrivée à la même température dans tous ses points et ensuite fermé. Un tuyau mobile amène l'eau dans la chaudière intérieure, et aussitôt que celle-ci commence à bouillir, on couvre cette chaudière et on la maintient telle, tant qu'elle contient de l'eau. Un refroidissement est moins à craindre que dans les chaudières ordinaires ; sa double paroi s'opposant au rayonnement trop rapide de la chaleur. En un mot, c'est un chauffage à bain-marie de vapeur et à refroidissement gradué.

sac à doubles parois qu'on serre fortement ensemble par le haut. Un sac simple résiste rarement à la pression et par suite crève très-aisément; d'ailleurs il laisse toujours passer de la levure à travers son tissu.

On fait usage de plusieurs modèles de presses, mais quel qu'il soit il faut, au commencement, ne pas presser trop fortement, autrement la levure s'infiltre dans les pores de la toile et l'eau reste dans la levure, c'est-à-dire que la levure n'est pas pressée. Comme base d'appui du sac, on se sert de petites claies d'osier faites par le vannier. Aussitôt que l'eau est en grande partie exprimée, on peut serrer la vis ou charger les madriers, et dès que la levure a été bien pressée, on retire le sac de la presse, on le retourne, on le vide et divise la levure en gâteaux de 500 grammes qu'on expédie ou qu'on vend sur place. Pour la transporter dans les temps chauds, on fera bien d'en charger de petits paniers d'osier ou de petits sacs à levure. Avec les sacs, on a cet avantage qu'on peut prendre de grosse toile à larges mailles dans lesquels la levure se conserve au mieux dans les temps chauds. Il arrive, toutefois, si on foule les uns sur les autres des sacs épais, que la levure s'échauffe et qu'elle est perdue. Le local où l'on conserve la levure doit être un cellier frais et sec où la lumière n'a pas accès et où il n'y pas de courant d'air.

VIII. Il est bien rare de trouver dans le commerce de la levure en pâte qui soit pure. Presque tous les fabricants y mélangent de la fécule en plus ou moins forte proportion. Ce mélange, comme de raison, n'augmente pas la force de la levure, mais il faut bien s'y résoudre, puisqu'il n'y a guère de fabricant qui n'y ajoute de cette matière. Dans tous les cas, cette manipulation ne peut s'opérer que par les établissements qui ont un débit considérable et rapide.

La fécule est, en général, appliquée dans les cuves ou tonneaux de lavage, parce que la levure est alors plus facile à mettre en presse. On peut ajouter jusqu'à 25 pour 100 de cette substance, et dans cet état la levure peut encore être considérée comme de bonne qualité, mais il y a des fabriques qui portent cette addition jusqu'à 35 pour 100. L'emploi le plus considérable qu'on fasse de la fécule est, par exemple, dans les jours de repos ou de fête, où il peut aller jusqu'à 50 pour 100. Lorsqu'on achète de la levure, il faut donc en prendre à ces époques un plus grand poids, car cette surcharge en fécule est superflue et n'apporte aucune énergie dans la fermentation.

Si cette fécule est absolument indispensable pour amener à la presse la levure dans un bon état de pâte, pour l'assécher plus complétement ou la rendre d'un transport plus facile, il semble que les fabricants de ce produit devraient toujours indiquer avec loyauté la proportion en levure pure qu'ils livrent au consommateur.

Du reste, la levure de brasserie contient toujours elle-même de l'amidon, et les substances étrangères qu'on introduit ainsi ne pourraient avoir d'inconvénient sérieux que si elles étaient de mauvaise qualité.

Puisque nous nous occupons de la question de la fabrication de la levure des distilleries qui est bien plus pure que celle des brasseries et ne contient ni huile essentielle, ni résine de houblon, il ne sera peut-être pas hors de propos de faire connaître ici un appareil dont on fait usage en Angleterre pour récolter cette levure dans la fabrication de la bière et que rien n'empêche d'appliquer dans les distilleries pour fabriquer une levure de première qualité. Nous empruntons notre description à l'*Encyclopédie de chimie technologique* de M. Muspratt, qui nous apprend que cet appareil est en activité dans la brasserie de **MM.** Walker et fils et Warrington, et qu'il a satisfait à toutes les conditions d'une bonne fermentation.

L'appareil représenté suivant une section dans la figure 8 se compose de deux caisses ou cuves hermé-

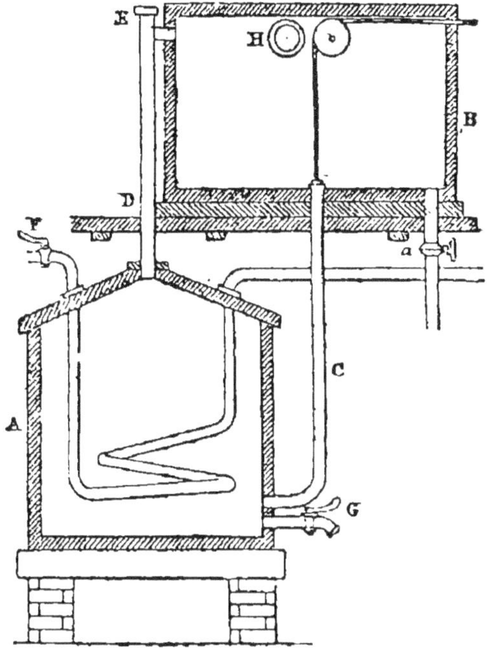

Fig. 8.

tiquement closes, dans l'une desquelles, celle **A**, s'accomplit la fermentation, tandis que l'autre **B** a pour objet de réunir la levure qui est rejetée de la première. Ces deux cuves sont en communication entre elles par un tuyau **C** qui descend de celle **B** et pénètre près du fond, dans celle A, d'une manière bien étanche. C'est par ce tuyau qu'on fait descendre, lorsqu'on charge l'appareil, tant le moût que la levure dans la cuve A, en quantité telle que celle-ci en soit complétement remplie. Cela fait, on verse du moût bien fermenté ou de la vinasse jusqu'à ce qu'il y en ait une couche de 50 millimètres sur le fond du récipient à la levure B. Du moment que la fermentation commence à se développer et que la levure qui se forme est encore écumeuse, elle ne tarde pas à se séparer et monter par le tuyau D, qui s'élève sur la pointe en forme de toit du couvercle de la cuve A, et à se déverser en E dans ce récipient.

A mesure que la masse demi-fluide s'élève de la cuve inférieure, elle est remplacée par une même quantité de la couche de moût fermenté qui s'écoule par le tuyau C du récipient à levure, en même temps qu'il se forme dans celui-ci une couche de même hauteur par la levure qui s'y déverse qui se maintient constamment sur une épaisseur de 40 à 50 millimètres et empêche que la masse écumeuse ne rentre ou retombe dans A. L'opération marche donc régulièrement, comme on vient de l'indiquer, jusqu'au terme de la fermentation, et si la température de la liqueur est trop élevée, on la modère en faisant arriver de l'eau froide par le tuyau F. Un cylindre H, dans lequel circule un courant d'eau fraîche, maintient constamment une basse température dans le récipient à levure qui est couvert, ce qui retient en dissolution le gaz acide carbonique qui se dégage en abondance pendant la fermentation de la bière, chose avantageuse dans la fabrication de cette boisson, mais superflue dans celle de l'alcool.

Lorsque la fermentation est arrivée à son terme, on recueille la levure qui s'est rassemblée tout entière dans la cuve B, en faisant écouler la couche de liquide qui recouvre le fond de ce vaisseau au moyen d'un robinet de vidange piqué sur le tuyau a, et dès que cet écoulement est opéré, on retire par une ouverture avec porte à coulisse pratiquée près l'un des angles du récipient toute la levure qu'on reçoit dans un baquet.

La température de la liqueur en état de fermentation peut, par l'emploi de cet appareil, être contrôlée d'une manière parfaite, puisqu'on peut toujours avoir sous la main une eau d'une température déterminée ; mais quand il n'en serait pas ainsi, la température de la cuve à fermentation ne peut pas s'élever autant que dans celles ordinaires, puisque les écumes sont remontées et enlevées et que la décomposition du sucre une fois que l'équilibre est détruit entre ses éléments se poursuit d'elle-même, malgré qu'il ne reste presque plus de levure toute formée dans le moût.

M. Muspratt, qui a vu fonctionner cet appareil, considère ce mode de fermentation comme étant généralement fort avantageux, car non-seulement on est débarrassé de l'attention et des soins qu'on est obligé d'apporter dans une opération exécutée comme à l'ordinaire, mais en outre, on économise notablement l'espace, on peut faire fermenter de grandes masses dans cet appareil qu'on construit très-solidement et on peut atteindre tel degré d'atténuation qu'on désire sans être sous l'influence des conditions atmosphériques.

Dès que la fermentation est accomplie on rafraîchit

la liqueur au moyen du serpentin F et on soutire le moût par le robinet G, sous un grand état de pureté, puisqu'on en a pendant l'opération enlevé toute la levure.

CHAPITRE VII.

Fabrication des Levains.

Nous partagerons ce chapitre en deux articles, dont l'un sera consacré aux levains de distillerie et l'autre aux levains de matières amylacées.

ARTICLE Ier. — LEVAINS DE DISTILLERIE.

La fabrication d'un levain de distillerie (appelé aussi levure artificielle) de bonne qualité, actif et plein d'énergie, est un problème qui doit intéresser au plus haut point les distillateurs de pommes de terre, de grains et de mélasses. C'est, en effet, sur les propriétés actives et bien définies de ce produit que repose en grande partie le succès des opérations du distillateur, et sans un bon ferment on risque de n'obtenir que des résultats médiocres ou d'éprouver de graves mécomptes et des pertes.

On s'est beaucoup occupé dans tous les pays où l'on distille les pommes de terre, les grains et les mélasses, surtout en Hollande et en Allemagne, de la préparation de ce ferment, et c'est encore dans ces pays qu'il faut aller chercher la description des procédés que l'expérience et la pratique ont consacrés dans cette industrie.

§ 1. PRINCIPES GÉNÉRAUX.

Dans son ouvrage récent sur la distillation, M. Charles Stammer a cherché à expliquer ce qu'on doit entendre par levain de distillerie et les principes sur lesquels est fondée cette fabrication.

« Depuis longtemps, dit M. Stammer, on recueille la levure qui se forme dans les moûts clairs des brasseries.

« Il est facile d'observer son mode de formation dans les liquides qui fermentent, mais les moûts de distillerie qui sont remplis de débris d'enveloppes de grains et de corps insolubles donnent également lieu à une formation de levure. On ne s'est guère aperçu que plus tard du parti qu'on peut tirer de cette formation dont on peut suivre attentivement toutes les phases et phénomènes divers. On voit les globules du ferment à une certaine période de la fermentation troubler l'aspect jusque là clair des bulles de gaz acide carbonique à la surface du liquide. Lorsqu'à cette époque, on enlève l'écume et qu'on la fait passer à travers un tamis fin, on obtient un liquide qui laisse déposer la levure qu'on peut laver et presser. C'est, en effet, de cette façon que la levure pressée ou levure viennoise est fabriquée (voir ci-dessus), mais on peut très-bien utiliser la levure obtenue de cette façon sans la séparer du moût, c'est-à-dire sans en faire une fabrication à part. C'est ce qui constitue la levure artificielle ou levain des distilleries qui d'une façon ou d'autre forme la base des fermentations dans la plupart des distilleries allemandes.

« Il est en effet impossible, dans beaucoup de localités, de se procurer la levure nécessaire aux brasseries, surtout là où beaucoup de distilleries sont situées à proximité; cette difficulté peut alors devenir extrême, et dans tous les cas le prix de la levure présente un inconvénient sérieux. Il est donc évident que l'utilisation de la levure qui se forme dans les moûts de compositions favorables est une mesure sage et prudente; c'est ce qui a lieu effectivement. On prépare même dans le cas de la fermentation des moûts, qui ne fournissent point de nouvelle levure (comme pour les mélasses par exemple), des moûts secondaires ou d'un levain pour y provoquer la formation de levure qui ensuite est employée pour faire fermenter les moûts principaux.

« Ceci est le cas des levains de distillerie ou levure artificielle. On traite dans de petites cuves et séparément de la fermentation principale, une certaine quantité de malt avec ou sans addition de blés, de façon à obtenir un véritable moût dans les conditions les plus favorables pour la formation de la levure. On ajoute alors une petite quantité de levure pour effectuer la fermentation et ainsi produire une grande quantité de levure dans ce moût spécial qui devient par là un véritable foyer de fermentation. C'est lorsque le développement du ferment y a atteint le degré voulu, qu'on l'appelle levain ou levure artificielle et on l'ajoute alors au moût principal, dans lequel il agit exactement comme le ferait la levure qu'il contient, si on l'en avait séparée préalablement. Naturellement une petite portion de ce levain peut servir de levure pour une nouvelle portion de moût secondaire ou de levain, de sorte qu'en définitive on se dispense entièrement de la levure de bière, excepté pour le commencement des opérations. On ajoute ce levain au moût principal, on en met de côté une certaine quantité, on y ralentit la fermentation par un abaissement de température et on réserve cette *levure-mère* par l'opération suivante où elle sert de ferment au moût de levure nouvellement préparé avec le malt, etc.

« La pratique a trouvé peu à peu les conditions essentielles dans lesquelles cette fermentation secondaire ou accessoire doit être conduite pour donner, non pas la plus grande quantité d'alcool, mais de levure mêlée au moût, et de là ont pris naissance un grand nombre de procédés plus ou moins différents.

« Remarquons seulement que la formation de la levure aux dépens des substances azotées, du malt et des céréales en général, est d'autant plus certaine que ces substances sont mieux dissoutes, et que l'opération doit en conséquence être conduite de façon à produire un moût qui tienne le glucose en grande partie en solution, ce qui, pour la fermentation proprement dite, serait sans intérêt. Or, le moyen d'opérer cette solution, c'est la présence d'une certaine quantité d'*acide* qu'il s'agit donc de développer dans le moût de levain. Cet acide (lactique et tartrique) est indispensable, mais les conditions de sa formation sont peu différentes de celles qui favorisent la formation de l'acide acétique qu'on doit éviter autant que possible. De là, les soins minutieux que le distillateur doit prendre pour obtenir un bon levain, de la qualité duquel dépend nécessairement le succès de la fabrication totale. Mais par compensation, le fait que la préparation du ferment a lieu dans la distillerie

même, rend celle-ci indépendante de la qualité de
la levure provenant du dehors. »

§ 2. PROCÉDÉ SAXON, BAVAROIS, BOHÊME ET ALLEMAND.

Dans le *Traité de la fabrication des bières et de la distillation* de M. G. La Cambre, auquel nous avons déjà fait quelques emprunts, on trouve encore à la page 114 du tome 2e une description sommaire de la préparation des levains dans une partie de l'Allemagne. Voici comment s'exprime l'auteur :

« On désigne généralement en Allemagne, sous le nom de *levains*, les ferments que l'on prépare souvent pour remplacer la levure naturelle de bière ou de moût de grains. Plusieurs auteurs ont donné un grand nombre de recettes pour préparer une foule de levains artificiels qui, pour la plupart, sont fort mauvais, surtout pour la fabrication des bières et l'alcoolisation.

Cependant, comme plusieurs d'entre eux peuvent, dans quelques cas, être très-utiles à un certain nombre de distillateurs, M. La Cambre a cru devoir indiquer la manière de préparer ceux qui sont le plus propres à cet usage.

« *Levain naturel usité en Allemagne.* — Depuis des siècles, en Saxe, en Bohême et en Bavière, bien des brasseurs et des distillateurs, pour faire fermenter leurs moûts, se bornent à y ajouter une certaine quantité, un 5e ou un 10e du même liquide déjà en pleine fermentation. Cette méthode que j'ai conseillée depuis longtemps pour la préparation du faro, et que j'ai même fait pratiquer en grand dans quelques distilleries et brasseries, est aujourd'hui très-usitée en

France pour la mise en fermentation du jus de betterave.

« M. Dubrunfaut et M. Champonnois ont même pris des brevets d'invention pour cette manière fort ancienne de mettre le moût en fermentation. Cette méthode, qui est assurément la plus simple, n'est pas toujours la meilleure, tant s'en faut; mais c'est un très-bon moyen de mettre du moût en fermentation quand on n'a point de bonne levure.

« *Levain artificiel usité en Allemagne dans les distilleries de grains.* — Dans quelques provinces allemandes, un grand nombre de distillateurs mettent leur moût en fermentation, au moyen d'un levain préparé de la manière suivante. Après avoir fait macérer les grains, on y ajoute de l'eau et de la vinasse fraîche, puis on y met de la levure ou du levain préparé à l'avance, et quand le mélange est bien homogène, on laisse reposer une heure, après quoi on décante ou l'on soutire dans une autre cuve une certaine quantité du mélange, auquel on ajoute 1/2 ou 1/3 de vinasse fraîche. On mélange bien le tout, on couvre la cuve et on laisse fermenter la matière pendant 24 à 36 heures, après quoi elle est employée pour mettre en fermentation de nouveau moût. Pour que ce levain soit fort, c'est-à-dire pour qu'il provoque la fermentation avec énergie, il doit avoir avant la fermentation une densité de 5° à 6° B., et une température de 22 à 24° C. Mais il faut aussi avoir soin de le placer dans un lieu dont la température soit maintenue à 20°.

« *Autre levain usité dans les distilleries allemandes.* — Quelques distillateurs allemands, qui ne se servent point de vinasses pour délayer leurs grains

macérés, préparent une autre espèce de levain assez
efficace : ils font macérer du malt seul ou mélangé
avec un peu de seigle finement moulu, et le produit
de la macération est versé sur un bac où on le laisse
refroidir pendant 10 à 15 heures, puis on le fait couler dans une petite cuve, en y ajoutant un peu d'eau
tiède pour amener sa densité à 6° ou 7° B., et sa température à 22° ou 24°. On y ajoute enfin un peu de
levure ou un peu de moût en fermentation, et quand
ce mélange a fermenté lentement pendant 24 ou 36
heures, il est propre à servir comme levain. »

§ 3.   FABRICATION DES LEVAINS DE DISTILLERIE EN ALLEMAGNE.

Nous venons de dire que les distilleries allemandes
fabriquent en général les levains qui servent à mettre
en fermentation les moûts destinés à la distillation.
Afin de faire connaître avec suffisamment de détails
les procédés suivis dans cette industrie, nous allons
prendre pour guide dans ce qui va suivre la description que donne, pour la préparation du levain
de distillerie, un habile directeur d'une distillerie,
M. H. Böhm, dans la 7ᵉ édition de son ouvrage sur la
distillation, que nous avons déjà eu l'occasion de citer avec éloge, et qu'il assure avoir pratiqué très-longtemps avec un plein succès.

Voyons d'abord sur quelles idées théoriques M. Böhm
semble avoir basé son procédé.

Le levain ou levure artificielle est un liquide préparé tout particulièrement pour les besoins des distilleries de matières amylacées et de mélasses, susceptible de provoquer avantageusement la fermentation

dans les moûts de ces substances et dans lequel, tous autres principes immédiats à part ou matériaux variés, il se forme et on recueille de la levure en abondance et d'une grande force.

La levure de bière et la levure pressée sont les substances d'où dérivent tous les levains de distillerie, mais cette levure de bière et cette levure pressée ont besoin pour les applications auxquelles on les destine d'être pour ainsi dire préalablement acclimatées ou rendues propres à l'objet ou au milieu auxquels elles serviront avant d'acquérir et de développer toute l'énergie qu'elles doivent manifester comme levain de distillerie. En conséquence, un levain de distillerie récemment préparé ne peut atteindre complétement qu'au bout de 14 jours toute la force qu'il doit avoir.

On prépare principalement le levain de distillerie avec des matériaux riches en gluten et en albumine ainsi qu'en matière amylacée, mais en même temps ces matériaux doivent posséder la plus grande énergie diastasique possible, et c'est l'ensemble de ces propriétés que possède à un degré éminent un malt de grains bien vivants et bien sains dans lequel bien peu de ces grains ont échappé à une bonne germination et où il y en a un bien petit nombre mal conformés ou stériles.

Ces préliminaires établis, nous passons à la partie pratique de la fabrication du levain de distillerie, mais auparavant il convient d'éclairer quelques points qui ont une certaine importance et ont besoin par conséquent qu'on entre dans quelques explications.

I. *Des matériaux propres à la fabrication des levains de distillerie.*

La principale matière première qui sert à la fabrication du levain de distillerie est un bon malt vert d'orge, grain qui renferme beaucoup de diastase et de substances protéiques; mais pour développer dans le levain la quantité convenable d'acide lactique, on emploie aussi à cette fabrication un peu de seigle égrugé ou de malt de seigle. M. Böhm affirme qu'il a même travaillé avec le plus grand succès avec des levains de malt de seigle vert et pur, mais en définitive qu'il a toujours donné la préférence à l'emploi alternatif du malt de seigle et du malt d'orge, et enfin que pendant longtemps il a préparé un bon moût avec des pommes de terre bien saines, mais seulement avec malt d'orge. Avec cet emploi alternatif, le levain s'est toujours régénéré à nouveau et est devenu bien plus énergique.

II. *Quantité de levure à employer dans la préparation d'un moût.*

Par chaque 100 kilog. de pommes de terre, il faut en levure les quantités suivantes :

 1° Avec malt vert d'orge ou de seigle. . 2 kilog.
 2° Avec malt touraillé d'orge ou de seigle. 1.50
 3° Pour levain de pomme de terre et malt
  vert, mais malt d'orge seulement. . 1.25

Du reste, la quantité de levure à employer est fixée par le contre-maître, et nous n'avons pas à nous occuper ici des exceptions.

Tant qu'on travaillera en levure simple de malt concassé ou vert, on peut prendre pour la capacité des vases à levure 1/12 de celle totale des cuves-guilloires, mais si on travaille en levure double, il n'en faut que de 1/18ᵉ partie. En levure simple, il faut 3 cuveaux, en levure double, il en faut 4, mais qui ne dépassent pas la dix-huitième partie de la capacité totale de la cuve.

III. *Durée de la préparation du levain.*

On ne peut guère déterminer le moment où il convient de mettre en levain et le temps pendant lequel il doit rester acide, afin de posséder un degré suffisant d'acidité égal à celui de l'acide tartrique ou de l'acide lactique convenable. Tout ce qu'on peut établir nettement, c'est le temps où il faut faire l'emploi de cette levure. A partir du moment de mettre en levain et jusqu'à celui où on refroidit, la levure ne doit jamais être plus vieille que de 14 heures.

La préparation du levain de distillerie s'opère ordinairement dans un local, la chambre à levain, qui doit posséder une température uniforme de 12 à 15° C. Cette chambre ainsi que tous les objets qui s'y trouvent renfermés ont besoin d'être entretenus dans un état d'extrême propreté et même les parois, dans le cours d'une campagne, doivent être deux fois blanchis à la chaux.

Le malt vert pour levain doit être écrasé très-finement et complétement être sans pâtons et sans grumeaux. Le grain concassé n'a pas besoin d'être trop fin, parce qu'autrement il ne se formerait pas de chapeau, chose qui paraît absolument nécessaire pour s'opposer autant qu'il est possible dans le levain au contact de l'oxygène de l'air.

Le fabricant de levain ne doit pas, en outre, employer une eau chauffée directement par la vapeur de la chaudière à vapeur. Il est préférable d'avoir une chaudière à doubles parois, où l'eau n'est pas mise en contact direct avec la vapeur.

La température la plus favorable pour la macération en levain est entre 64 et 66° C., celle la plus avantageuse pour mettre en levain de 20 à 22° C., suivant la marche acide du levain. La levure-mère, à mesure qu'on l'enlève sur le cuveau à levure-mère, doit être aussitôt plongée dans un vase rempli d'eau froide, pour la ramener aussi vivement que possible à la température de cette eau.

Voici maintenant quelles sont les phases principales de la fabrication du levain de distillerie ou levure artificielle :

1° Macération ; 2° développement acide, y compris l'abaissement de la température ; 3° mise en levain ; 4° levée de la levure-mère ; 5° rafraîchissement ; 6° emploi rationnel ou moment opportun pour appliquer ce levain. Reprenons chacune de ces manipulations.

Macération en levain de malt vert. — Pour macérer 30 hectolitres de pommes de terre, on prend 50 kilog. de malt vert écrasé finement et en flocons qu'on démêle préalablement avant le trempage dans une cuvette à malt ou dans un sas.

La macération s'opère ainsi qu'il suit : Supposons que la campagne distillatoire s'ouvre au 1er septembre, le 30 août à 7 heures du matin, on commence les travaux préparatoires pour la macération.

Les cuveaux à levain ont été nettoyés dès le 26 août et après ce nettoyage remplis d'eau bouillante. Il est, comme on sait, très-difficile d'amener le premier levain au degré convenable d'acidité sans excès de fermentation, parce que les cuveaux sont restés longtemps secs et sans levain. Les pores ont donc besoin d'être nourris à nouveau ; on verse donc dans chaque cuveau à levain 20 kilog. de drèche de brasserie, et on remplit entièrement d'eau bien bouillante ; ces cuveaux restent alors ainsi chargés jusqu'à ce qu'on en fasse usage.

Le premier cuveau n° 9 est ainsi mis en macération dans la matinée du 30 août. Ce vase est vidé et brossé à fond avec de l'eau chaude. Cela fait, on y fait arriver 34 à 35 litres d'eau à 94 ou 95° C., on y verse le malt qui a été préparé, et deux ouvriers avec des fourquets brassent d'une manière continue jusqu'à ce que le tout forme une bouillie sans le moindre grumeau. Les enveloppes du malt doivent, quand on presse une poignée de cette bouillie dans la main, se séparer complétement de la farine et de l'amidon.

En cet état on procède à la trempe préparatoire. On étend donc cette bouillie avec environ 14 à 15 litres d'eau à 95° C., et bien entendu qu'à chaque infusion d'eau, il faut brasser constamment ; puis on donne la trempe de saccharification avec 25 à 30 litres d'eau chaude à 95°, toujours en brassant soigneusement.

1° Le moût de levain doit alors avoir une température de 65 à 66° C. Les parois du cuveau sont nettoyées à fond avec une brosse et de l'eau chaude, et on le couvre aux 7/8 avec un couvercle qu'on y laisse pendant 1 heure 1/2 pour la formation du sucre.

2° Au bout de ce temps, ce moût à levain est travaillé de nouveau avec le fourquet, les parois du cuveau en sont nettoyées une seconde fois, et on laisse ce moût en repos pendant 24 heures. Au terme de cette période, le moût est brassé de nouveau et on en prend la température avec le thermomètre. Cette température doit alors être descendue à 32 ou 34° C. D'heure en heure, on brasse, l'acidité augmente, et au lieu d'avoir une coloration grise, le moût est devenu jaune et doit, à l'oxymètre de Luddersdorf, marquer 3 degrés 1/2. Le soir, vers les huit heures, sa température doit être à peu près de 20 à 21° C.

3° Comme le moment est arrivé de mettre en levain, il faut en brassant amener ce moût à la température indiquée, ou bien y procéder au moyen d'un plongeur à glace. Dès qu'on est descendu à la température exigée, on dissout 2kil.50 de bonne levure pressée dans environ 10 à 11 litres d'eau, et on l'ajoute au moût de levain, toujours en agitant soigneusement.

Quant aux mises en levain ultérieures, on se sert de la levure-mère qu'on enlève, et on y ajoute, en outre, 0kil.500 de bonne levure pressée et dissoute.

4° 12 à 14 heures après qu'on a mis en levain, il faut enlever la levure-mère. On plonge un thermomètre au milieu du chapeau, on l'y laisse pendant 5 minutes, puis on lit son indication. S'il a remonté de 7 à 8° C., le levain peut être considéré comme bien actif. De plus, il faut que le chapeau fortement bombé présente diverses gerçures croisées et transversales, et qu'il y ait dégagement abondant d'acide carbonique.

5° Le moût de distillation qui a été versé sur le bac à rafraîchir doit marquer alors 30 à 36° C., et il s'agit maintenant de rafraîchir la levure. On emprunte, en conséquence, 2 hectolitres de moût sur ce bac, et on ajoute au levain dans le cuveau nº 9, toujours en agitant. La levure doit avoir alors de 25 à 26º C., et on la laisse environ 2 heures pour se parfaire. Son réchauffement, au moment d'en faire usage, doit être, lorsqu'elle est bien active, de 1º85 à 2º50 C.

Le levain est versé sur le bac lorsque le moût marque 23 à 24º C., et bien mélangé à ce moût, soit au moulinet vagueur, soit à bras avec les râteaux. Ce premier procédé indiqué pour rafraîchir n'est applicable que dans la saison chaude. Dans les temps froids, on doit rafraîchir dans la cuve-matière. On verse 3 à 4 hectolitres de moût sur le bac, et avant de laisser couler le moût de distillation sur ce bac, la température de ces 4 hectolitres est abaissée jusqu'à 40º C., et on n'ajoute qu'environ 2 hectolitres de levain pour rafraîchir.

Si un levain est resté moins d'une heure à rafraîchir, c'est qu'il n'est pas arrivé à maturité, et dès lors très-disposé à un excès de fermentation. Si un levain est resté, au contraire, plus de 2 heures à rafraîchir, il est à craindre qu'il ne soit devenu mat. Dans ce dernier cas, il vaut mieux ajouter encore à ce levain un hectolitre de moût, c'est-à-dire le rafraîchir une seconde fois.

Tel est le traitement qu'on fait subir au cuveau nº 9.

Le nº 10 est macéré le 31 août au matin pendant le même temps, et le 2 septembre peut être mis en service. La macération s'y opère de la même manière que dans le nº 9, à cette différence près qu'on emprunte environ 2 litres de moût acide au nº 9 qu'on verse dans le n° 10, et qu'on fait macérer en même temps que le malt de levain. C'est de cette manière qu'on accélère la formation du degré normal d'acidité. Cette addition de moût acide se répète jusqu'à ce que le distillateur soit arrivé à avoir cette acidité normale. Le 1er septembre le n° 11 est macéré de la manière qu'on vient de décrire, et ainsi de suite.

Degré d'acidité d'un levain normal. — Mais quel est le degré d'acidité que doit posséder un levain normal pour être bien actif?

Il est, dans tous les cas, très-difficile de maintenir constamment, tant dans le levain que dans le moût de distillation, une acidité correcte; mais le distillateur a sous la main, sous ce rapport, un moyen pour lui venir en aide.

D'abord, il peut s'assurer qu'il y a de l'acide dans son levain et la proportion qui s'y rencontre. Pour cela, il fait usage de l'acidimètre de Lüddersdorff. Tout levain contient des acides utiles ou des acides nuisibles; mais malheureusement on ne parvient pas à séparer les premiers des seconds sans nuire à ceux utiles. Si on pouvait y parvenir par voie de saturation, on obtiendrait les plus heureux résultats de l'emploi du sous-carbonate de soude; mais cet emploi est impossible, et il a fallu à toutes les époques renoncer à la soude.

D'un autre côté, le degré d'acidité normal ne saurait être reconnu par le goût, malgré que souvent quelques vieux brûleurs assurent avoir sur la langue le meilleur de tous les appareils pour la mesure du degré d'acidité. La chose, du reste, paraît impossible; la saveur des mets, la fumée de tabac, la bière, les liqueurs fortes ont sur la langue une influence qui

)eut conduire à des erreurs. Il ne faut donc avoir au-
:une confiance dans ce moyen, et l'emploi de l'aci-
limètre offre une bien plus grande sécurité.

On peut atteindre le degré correct d'acidité par
lifférents moyens, et des voies diverses quand on sait
:eulement quelle est la cause pour laquelle l'acide fait
léfaut, et qu'il faut avoir recours à un tour de main
)our atteindre ce degré.

A certaines époques, même au moment où les opérations sont bien en marche, le moût à levain, de 4 à
5 heures après la macération, contient une odeur dé-
:agréable, rance, de beurre fort, le chapeau commence à se bomber et malgré la température il con-
:inue à éprouver une fermentation qui, en réalité, est
!a fermentation putride. Un pareil moût à levain doit
3tre évacué et rejeté immédiatement, parce que la
!ormation de l'acide acétique et la fermentation pu-
:ride de ce moût ne tardent pas à se manifester. Il
!aut à l'instant commencer un autre moût à levain,
mais auparavant nettoyer les vases à la chaux, les
3chauder, les brosser et les rincer.

Si le développement de l'acide ne se fait pas normalement et de lui-même, on peut, à la macération
:lu moût à levain, employer du seigle concassé en-
:viron 3 à 4 kilog., ou bien 4 à 6 litres de moût à
!evain mis en macération le jour précédent, ou on
:peut même prendre à la macération de 4 à 6 litres
:le levure en état de fermentation, cette dernière, tou-
:efois, devant être immédiatement échaudée à mort
:lans la première eau qu'on verse dans le cuveau à
!levain. Enfin, on peut avec beaucoup de succès em-
:ployer l'acide phosphorique, environ 15 grammes par
:cuveau qu'on dissout dans 1 litre d'eau froide et

qu'on ajoute à la macération ou quand on rafraîchit
le levain. Tels sont les moyens qu'on peut instanta-
nément appliquer avec succès.

Les degrés d'acidité du levain, quand on veut qu'il
soit considéré comme bien actif, sont les suivants :

1 heure après la macération. . .	0°.5
24 heures — —	. . 3°.5
36 heures — —	. . 4°.0
Au terme de la fermentation. . .	5°.5 à 6°

c'est-à-dire environ après 48 à 54 heures.

Pour donner encore une idée de la marche du développement de l'acide lactique dans la préparation
des moûts, nous reproduirons ici le tableau du résultat d'expériences qui ont été faites dans le système
de brassage bavarois et autrichien, tel que M. N. Gal-
land l'a publié dans son ouvrage intitulé : *Faits et
Observations sur la brasserie.*

	Divisions de l'acidimètre.
Malt en grains.	10
1re trempe à froid.	18
2e trempe à 45° après repos.	32
3e trempe à 63° —	40
Mélange sur filtre, —	32
— à la fin de la filtration.	50
— après coupage des drèches et addition d'eau froide.	44
Moût houblonné avec les bacs.	34
— — au sortir des bacs. . .	41 (1)

Décrivons maintenant en quelques mots l'acidimètre.

(1) Les anomalies apparentes dans les chiffres du tableau proviennent des mélanges et des coupages que le moût subit jusqu'à la fin.

u pèse-acide de Lüddersdorff et la manière de s'en
ervir.

Mesure de l'acidité des moûts. — L'*acidimètre* de
Lüddersdorff se compose d'un tube en verre gradué
portant une boule pyriforme mastiquée dans un pied
en métal pour que l'instrument puisse se maintenir
verticalement. Cet instrument est indispensable dans
une distillerie, parce que le levain aussi bien que le
moût, depuis la première affusion jusqu'à la distil-
ation, ont besoin d'être essayés sous le rapport de
l'acidité.

Veut-on mesurer la quantité d'acide contenu dans
un levain ou un moût, on en prend deux cuillerées à
bouche qu'on fait passer par voie de pression à travers un linge pour en séparer les enveloppes et les
grumeaux et on en remplit l'acidimètre jusqu'au point
marqué zéro, puis on verse dessus de la liqueur d'é-
preuve (ammoniaque liquide) jusqu'à ce qu'on atteigne le premier trait marqué 1/2 (on essaie de même
un moût qui a déjà complété sa saccharification). On
agite alors la liqueur en fermant l'orifice avec le
pouce. Puis avec ce même doigt auquel adhère du
liquide, on frotte sur un fragment bleu de papier de
tournesol : si ce papier reste bleu, le degré d'acidité est
normal, s'il rougit, on ajoute goutte à goutte de l'ammoniaque dans le tube jusqu'à ce que le papier bleu
reste bleu et que le papier rouge reste rouge. L'acide
est alors basique ou neutralisé. On pose l'instrument
sur une table, on attend que le moût soit éclairci et
on lit sur l'échelle de l'acidimètre le degré d'acidité
contenu dans ce moût. On peut, quand on manque de
pratique, verser un peu trop d'ammoniaque, et cet
excès n'est pas accusé par le papier de tournesol.

Pour constater ce cas, on se sert du papier rouge ; s'il
passe à la couleur bleue, l'essai est manqué et doit
être répété.

Dans un moût qui se présente à l'état normal, il
faut que les degrés de la liqueur d'épreuve qui est
nécessaire, c'est-à-dire, ce qui est la même chose, que
les degrés d'acidité soient les suivants :

Après la macération terminée à peine. ¹/₂
Après la mise en levain.. . . . . ¹/₂ à ³/₄
12 heures après cette mise en levain. 1 ¹/₂
24   —   —   —   . 2
48   —   —   —   . 2 ¹/₂
65 à 72 heures.. . . . . 3 ¹/₂ à 4

Ces degrés d'acidité conviennent aussi bien aux
moûts de pommes de terre qu'à ceux de grains, mais
pour les premiers seulement jusqu'aux premiers jours
d'avril ; à partir de cette époque, les degrés d'acidité,
quand le moût immédiatement après macération indique une acidité de 3/4 à 1, doivent être les suivants :

Après 12 heures de mise en levain. . . . 1 ¹/₂
Après 24   —   —   . . . 2
Après 48   —   —   . . . 2 ¹/₂
Après 65 à 72 heures   —   . . . 4.5

Levain de renfort en malt vert. — Il peut arriver
que lorsqu'on entre le matin dans la chambre ou l'a-
telier aux levains, que les cuveaux qu'on a fait macérer la veille soient par une circonstance fortuite
entrés d'eux-mêmes en fermentation. Peut-être quand
on a mis en levain, n'a-t-on pas eu la précaution de
pourvoir ces cuveaux d'un couvercle pendant tout le
temps qu'on a chargé en levure, qu'il a pu jaillir un

peu de cette levure, ou bien qu'on a agité le moût à levain avec un fourquet à moût qui n'était pas parfaitement débarrassé de levure. Plus la surface du moût récent à levain s'est refroidie, plus, toutes circonstances égales, il peut être souillé et détérioré par un atome de levure. Si la fermentation a débuté par le milieu et que toute la surface ne soit pas encore bombée, on peut encore sauver le moût en l'agitant immédiatement dans sa masse et y introduisant les plongeurs à glace. Le refroidissement du levain à 25 ou 26° C. doit s'opérer très-vivement; on continue à observer encore son moût à levain pendant une heure, et s'il ne s'y élève plus de petites bulles, il n'a plus de disposition à fermenter, mais s'il marche vers la formation acide et s'il a une odeur fraîche, c'est un indice qu'on peut conserver ce moût à levain.

A un moût de ce genre et avant de le mettre en levain, on ajoute 16 grammes d'acide phosphorique, délayé dans 1 litre d'eau, parce qu'il a été troublé dans son développement acide et qu'il convient d'y remplacer l'acide qui s'est perdu. Si on n'a pas pu conserver ce moût à levain après qu'on a brassé, et si on n'a pas déterminé ainsi une bonne acidité (quoique faible), et s'il n'a aucune mauvaise odeur, on en verse un hectolitre dans une chaudière à faire bouillir les eaux de levure; on prend de cette eau la quantité nécessaire pour la trempe et on la chauffe à 95°. On jette le reste du moût à levain dans les vinasses, on nettoie comme il faut le cuveau, on le charge de malt écrasé, et cela fait, on prépare un nouveau brassin de levain. Avec cette eau sure, le levain ne tarde pas à surir. Dès que la saccharification est opérée, on refroidit le moût à levain en 5 ou 6 heures en le brassant fréquemment et vers 5 heures du soir, on y introduit le plongeur à glace et on refroidit jusqu'à 7 heures. Si le moût n'a pas acquis le degré d'acidité voulu, on y ajoute et on y brasse 30 grammes d'acide phosphorique démêlé dans 1 litre d'eau ; à 8 heures, on peut mettre en levain et procéder à la manière ordinaire : ce levain n'est pas moins fort que tout autre.

Levain de pommes de terre au malt vert. — On a soin, comme pour le levain de malt vert, de maintenir la même température intérieure, seulement on doit faire attention à la marche de l'acidification. Dans quel rapport faut-il prendre plus ou moins de malt de pommes de terre et plus ou moins de malt, c'est un détail qu'on ne saurait décrire et uniquement du ressort de l'acidimètre. Supposons qu'on emprunte 50 litres de moût à la cuve-matière et qu'on passe au tamis pour arrêter les pelures dessus comme ballast, puis qu'on verse dans le cuveau à levain en service 40 litres d'eau à 95° C., que dans ce liquide on fasse bien macérer 40 kilog. de malt vert écrasé finement, et enfin qu'on saccharifie bien avec de l'eau de 80 à 95° C., la température finale sera de 65 à 66° C. Tout le reste s'accomplira comme pour le levain en malt vert, et on obtiendra un excellent levain, mais à la condition qu'on se sera servi de tubercules sains et bien farineux, car s'il n'en était pas ainsi, le levain ne présentera aucune garantie et il vaudrait mieux revenir au malt vert. Le malt qu'on économise pour le levain peut être employé à préparer de nouveaux moûts.

Levain double en malt vert. — Pour fabriquer le levain, il faut 4 cuveaux à levain et un cuveau à levure-mère. Si on ne fabrique pas ce produit d'une manière suivie, il faut, outre les 4 cuveaux ci-dessus, en avoir encore 3 autres.

On se propose dans l'emploi du levain double de déterminer une fermentation meilleure et mieux soutenue, et on combine le levain de malt à celui de pommes de terre, de manière que celui pur de malt soit considéré comme levain principal, et que celui de pommes de terre s'y associe avec une période abrégée et réduite de fermentation, mais qu'on conserve la levure-mère provenant du levain pur de malt. On se propose et on s'efforce, dit-on, avec le levain de malt de produire un levain énergique et de rendre celui-ci plus durable par une addition de levain de malt et pommes de terre encore en état de développement.

Il est difficile de partager en quoi que ce soit cette dernière assertion, car par l'addition d'un levain, malt et pommes de terre qui n'est pas arrivé à maturité et est encore dans la période de développement de la levure, on ne conçoit pas qu'il vienne prêter un appui au moût en fermentation, puisqu'il faut mettre en une seule fois le levain dans la cuve à fermentation. On n'ajoute donc à celle-ci qu'un levain imparfaitement développé et qui n'est pas mûr, et par conséquent par l'emploi du levain double, j'ai, dit M. Böhm, eu toujours un moût où la fermentation a été poussée trop loin. Je ne suis nullement partisan, ajoute-t-il, du levain double, parce qu'elle donne lieu à beaucoup d'embarras, et que par cette raison il arrive souvent qu'on le néglige ou l'abandonne; néanmoins j'en décrirai ici exactement et pertinemment la fabrication avec toute la clarté possible.

On commence donc à faire macérer le 1er septembre; le rapport est pour 30 hectolitres de pommes de terre.

Le 30 août, à 5 heures du soir, on prépare comme pour le levain de malt vert, un moût dans le cuveau n° 9; le 31 août on refroidit et on met en levain à 8 heures du soir. On opère de même le 31 août avec le cuveau n° 10, et le 1er septembre sur le cuveau n° 11, mais on commence déjà à employer la levure-mère du n° 9 pour mettre en levain le n° 10.

Le 1er septembre, après que la première macération est terminée et qu'on l'a abandonnée une heure pour la saccharification, on prend 34 à 35 litres de moût de pommes de terre passé au tamis et débarrassé des pelures et 15 kilog. de malt vert écrasé finement qu'on fait macérer dans le cuveau n° 12, saccharifié dans 25 à 26 litres d'eau à 95° C., en opérant comme pour levain de pommes de terre. Le n° 10 est, à 5 heures du soir, macéré de nouveau avec du malt vert broyé finement. Le levain qui est resté dans le n° 9 après qu'on a enlevé la levure-mère, est rafraîchi et employé à mettre en levain le premier moût principal de pommes de terre.

Le matin à 4 heures, le 2 septembre, le levain de pommes de terre macéré dans le n° 12 est mis en fermentation avec 32 à 33 litres de levain emprunté au n° 10 à une température de 24 à 26° C.; la macération étant terminée dans les pommes de terre ou le 1er octobre, le cuveau n° 9 qui est alors vide est chargé comme le n° 12 le jour précédent.

La saccharification terminée dans la cuve-matière, on enlève la levure-mère du n° 10, et le levain qui reste est rafraîchi avec du moût de pommes de terre à 30 à 32° C. On opère de même sans enlever de levure-mère et au même moment sur le cuveau n° 11, seulement on rafraîchit avec un moût à 32 ou 34° C. Ces deux masses de levain rafraîchies sont alors appliquées au moût principal, au moment où celui-ci est prêt à être coulé sur le bac. On continue de cette manière, de façon qu'au terme de la macération principale, le cuveau à levain qui reste le dernier est macéré au levain de pommes de terre, et le soir à 5 heures, le cuveau employé est macéré au levain de malt vert.

Le bouilleur doit, dans ces circonstances, avoir soin de ne pas se tromper avec les numéros des cuveaux de levain double.

La préparation du levain double occasionne donc bien plus d'embarras, de soins et de travail que les levains simples ; on n'obtient pas non plus de meilleurs résultats et les distillateurs provoquent ainsi la fermentation écumeuse, car le levain double est toujours trop peu riche en acide, et lorsque le levain de malt a le degré d'acidité convenable, celui de pommes de terre est à son tour en défaut. Si le levain tombe et monte à plusieurs reprises, par exemple 3 à 4 fois après la mise en levure, sa force est brisée et par conséquent on ne peut pas recommander d'en faire usage.

Levain de grain touraillé. — La macération du levain de grain touraillé et concassé est absolument semblable à celle en malt vert, et elle n'en diffère que par le rapport pondéral du grain égrugé et de celui de l'eau, la température restant la même.

Pour 30 hectolitres de pommes de terre, on prend 35 kilog. de malt d'orge égrugé et 2kil.50 de seigle aussi égrugé; la première eau ne doit être qu'à 80° C., et pour la trempe de saccharification de 88 à 95° C. Pour le reste, on opère comme pour levain en malt vert, attendu que les manipulations sont les mêmes.

Récolte de la levure-mère. — La levure-mère doit, dans tout levain, quelque nom qu'on lui donne, avoir un chapeau, parce que sans chapeau elle se trouve trop exposée à l'action de l'oxygène. Dès que le moment est venu de récolter cette levure-mère, on y consacre toujours comme chapeau le quart de la quantité totale de la levure-mère, on agite cette levure dans un cuveau à levure-mère et on la plonge dans l'eau froide, de façon qu'elle prend bientôt la température de cette eau. Si ce chapeau de levure-mère s'enfonce, c'est un signe certain qu'elle n'est plus bonne à rien, soit parce qu'elle est trop faible, soit parce qu'elle contient de l'acide acétique; alors il faut la jeter.

Irrégularités chez les levains. — On a déjà suffisamment parlé de ce sujet à l'occasion des degrés d'acidité que doivent présenter les levains.

Tout levain qui présente quelque irrégularité et par conséquent exige un moyen artificiel, quel qu'il soit, pour lui venir en aide, comme le sel pour le modérer, doit être rejeté sans délai, parce qu'il récupère rarement, on peut dire même jamais son énergie et son action et qu'il propage d'ailleurs les mauvaises conditions dans lesquelles il se trouve placé lui-même.

§ 4. PROCÉDÉ DE M. DURIN.

M. Durin a imaginé un procédé de fermentation sans levure qu'il a décrit ainsi qu'il suit dans le *Jour-*

nal des Fabricants de sucre du 7 mai 1872. Ce procédé a pour but de supprimer l'*emploi renouvelé* de la levure de bière servant à la fermentation alcoolique des mélasses, des grains et autres matières sucrées. Cette suppression de la levure, et par suite l'économie considérable qu'elle entraîne, résulte de ce fait que, dans ce procédé, le germe de la fermentation n'est jamais détruit, et que la fermentation s'y maintient d'une manière continue, c'est-à-dire qu'une fois mise en train par une certaine quantité *primitive* de levure, elle se trouve perpétuée au même degré, et aussi longtemps qu'on voudra, sans l'addition d'aucune autre quantité de levure.

Cet effet est obtenu en restituant aux cuves, et sous la forme de corps étrangers azotés, l'azote qui a été absorbé dans le travail de la fermentation. Ces corps étrangers qui, autrement, ont une valeur insignifiante et sont généralement le rebut de diverses fabrications, tiennent lieu de la levure de bière que l'on a l'habitude d'employer par quantités assez considérables pour entretenir la fermentation.

Cependant, ce n'est pas seulement le recours aux corps étrangers azotés qui prédomine dans ce procédé, mais ce qui en constitue le caractère essentiel, c'est sa marche même, le mode d'emploi spécial des substances azotées, leur combinaison avec les matières à fermenter, l'ordre des diverses opérations, la répartition et le partage des cuvées entre elles, en un mot le système adopté pour établir la continuité de la fermentation sans levure de bière.

Procédé. — On commence par mettre en fermentation une des cuves quelconques de la salle de fermentation; lorsque la cuve est en pleine action, on partage dans quatre ou cinq des cuves voisines tout le moût de cette première cuve, et on fait remplir peu à peu les cuves ainsi que la cuve-mère, avec du liquide sucré à fermenter préparé de la manière suivante :

Au-dessus des cuves à fermenter, on fait placer une ou plusieurs cuves préparatoires, suivant l'importance de l'usine, et dans chacune d'elles, à tour de rôle, on fait arriver la matière sucrée, l'eau nécessaire pour l'étendre à la densité convenable, l'acide et la matière azotée en proportions utiles.

Dans ces cuves préparatoires, on met le liquide sucré dans toutes les conditions nécessaires pour entrer en fermentation aussitôt qu'il sera envoyé dans le milieu voulu.

Le contenu des cuves préparatoires est divisé peu à peu sur les pieds pris dans la cuve-mère; il entre aussitôt en fermentation, cette fermentation se transmet d'une manière continue et sans interruption à tout le moût provenant des cuves préparatoires.

Chacune des cuves de fermentation peut à son tour servir de cuve-mère, et dès ce moment, on peut obtenir une fermentation continue, et pendant un temps indéfini, sans aucune addition de levure de bière. La matière azotée ajoutée dans les cuves préparatoires se transforme en levure sous l'influence du levain du pied et de la fermentation, agit à l'état naissant sur le sucre-moût et devient propre elle-même à la transformation d'une nouvelle quantité de matières azotées, et ainsi de suite.

Il est utile que les matières azotées fortement égrugées, ou qui n'ont pas encore éprouvé de décomposition assez forte pour isoler leurs molécules, soient désagrégrées par une ébullition de quelques minutes dans l'eau aiguisée d'acide chlorhydrique.

La matière azotée devient alors beaucoup moins dense, res'e facilement en suspension et éprouve beaucoup plus complétement l'altération qui la transforme en levure.

On emploie pour la fermentation les matières azotées suivantes, l'une ou l'autre à volonté ou plusieurs ensemble.

Résidu solide des vinasses des betteraves, de topinambours, de grains, de pommes de terre, en résumé, résidus quelconques des vinasses après distillation ; lie de vin, que les sels en aient été ou non retirés ; le résidu de la fabrication de l'amidon, quel que soit le procédé employé ; la lie de cidre, les résidus de féculerie, les tourteaux de graines grasses de toute provenance, les matières glutineuses de toute provenance, le sang, et en général toutes les matières azotées végétales ou animales.

§ 5.   NOUVEAU PROCÉDÉ AUTRICHIEN ET ITALIEN.

Nous avons eu l'occasion, en 1873, d'étudier un procédé de distillation des grains où l'on produit beaucoup de levain et qui mérite par conséquent de trouver place ici.

En Autriche et en Italie la fabrication des eaux-de-vie de grain est frappée d'un impôt qui se perçoit à la capacité des vaisseaux employés dans le travail du grain, avec cette restriction que la durée de la fermentation ne devra pas dépasser 48 heures, mais, d'un autre côté, la loi laissant au distillateur la faculté de parachever un travail de fermentation dans un temps

Levure.   25

moindre de 48 heures et de charger ainsi plusieurs fois dans cet espace de temps la cuve-guilloire, le distillateur a ainsi cherché à répartir l'impôt qui le frappe sur une plus grande masse de produits et de tirer le parti le plus avantageux possible de sa cuve. Peu à peu, il s'est donc introduit dans les pays indiqués un mode particulier de fermentation auquel on a donné le nom de fermentation accélérée.

Les procédés qu'on a adoptés pour hâter et favoriser cette fermentation sont les suivants :

1° Elévation de la température du moût qui fermente et du local où s'opère la fermentation ;

2° Mise du moût en levain avec une levure plus abondante et de meilleure qualité qu'on ne le pratique communément ;

3° Emploi d'un moût peu riche en sucre.

On a aussi pensé que l'acide carbonique libre devait être favorable à la multiplication de la levure de la même manière que les acides végétaux, tels que les acides tartrique, lactique et phosphorique, etc., et en conséquence quelques distillateurs et fabricants de levure pressée chargent leurs eaux de levure pour mettre leur moût en fermentation avec de l'acide carbonique et pensent obtenir ainsi une fermentation plus prompte et meilleure.

M. J. Krupski, dans la note qu'il a publiée, est entré dans quelques détails intéressants sur ce mode de préparation des moûts de distillation, et nous reproduisons ici en partie cette note.

Si on réunit, dit-il, les moyens accessoires mis en œuvre dans la fermentation accélérée, on voit qu'ils se résument en ceci :

1° Mettre le moût en levain avec une plus forte

proportion d'une levure de bonne qualité et bien parvenue à maturité ;

2° Faire fermenter le moût à une température plus élevée et dans un local plus chaud ;

3° Employer un moût plus pauvre en sucre, et de 13 ou au plus de 14 degrés du saccharomètre ;

4° Mettre en fermentation de plus grandes masses de moût ;

5° Opérer un mélange parfait entre le moût et la levure ;

6° Imprégner d'acide carbonique l'eau de mise en levain.

Il est facile de donner au moût la chaleur nécessaire à la fermentation accélérée, si on suppose qu'on puisse maintenir suffisamment chauffé le local où se fait cette fermentation. Il devient plus difficile de produire une plus forte proportion de levure, quand on ne veut pas consacrer aux opérations la levure pressée ou celle de bière qui toutes deux sont d'un prix élevé, parce que l'administration des contributions frappe également d'un impôt qui est le même, la cuve-guilloire à la levure et la cuve-guilloire au moût de distillation.

En Autriche, les ustensiles qui sont frappés par l'impôt sont : 1° la cuve-guilloire ; 2° la guilloire ou le cuveau où on fait fermenter la levure ; 3° le seau à levure-mère ; 4° la cuve à fermentation préparatoire ; 5° le reverdoir ou cuve à moût placé entre la cuve-guilloire et l'appareil de distillation dans le cas où il ne fait pas partie intégrante de celui-ci.

Les ustensiles non imposés sont : 7° la tonne à levure acide ; 8° le bac refroidissoir à moût ; 9° le bac refroidissoir à levure ; 10° la cuve-matière ; 11° la tonne à malt vert; 12° la cuve à mouillage avec emploi de l'acide sulfureux ; 13° le réchauffeur ou chauffeur préalable pour l'appareil distillatoire dans le cas où on le juge convenable et où il est prescrit.

Il s'agit maintenant de faire usage de ces appareils d'une manière intelligente. C'est ainsi qu'on opère le brassage de la levure dans les tonnes à levure acide qui ne sont pas imposées; là le moût devient acide et est aussitôt transporté pour y subir la fermentation dans la guilloire à levure, et comme cette guilloire pour levure n'exige tout au plus que 16 heures pour cette fermentation, on peut donc la charger trois fois et la décharger autant en 48 heures, ce qui économise l'espace pour les ustensiles à levure.

Pour le travail en cuve-guilloire, on opère ainsi qu'il suit : supposons par exemple qu'on ait monté deux cuves-matières et qu'on veuille faire dans chacune un brassin par jour, on remplit chaque cuve-guilloire à moitié avec du moût, on ajoute à cette moitié du moût toute la levure que comporterait la cuve pleine et cette mise en levain a lieu à la température de 28 à 30° C. Entre le premier et le second brassage, il s'écoule toujours 6 à 7 heures, et pendant ce temps la cuve qui a été mise en levain avec le double de la quantité de levure et portée à la température de 30° C., est en pleine fermentation et sa température s'est même élevée à 35 ou 36° C. Pendant ce temps-là, le second moût a été refroidi sur le bac de manière à posséder comme celui en fermentation la température de 30° C. Mais comme alors celui qui a été mis le premier en levain est en pleine fermentation, il s'y est formé une quantité proportionnelle de levure qui fait partir aussitôt ce nouveau moût en fermentation, de façon qu'au bout de 9 à 10 heures au plus, la fermentation de la totalité du moût se trouve achevée.

On a proposé pour exploiter un plus grand nombre de cuves-guilloires un procédé un peu différent. On a introduit pour cela ce qu'on appelle la tonne à fermentation ou la guilloire préparatoire qui est imposée comme les cuves-guilloires, mais à l'aide de laquelle la fermentation est singulièrement favorisée.

Supposons qu'on veuille organiser quatre cuves-guilloires chacune d'une capacité de 75 hectolitres. On a besoin pour cela : 1° de quatre cuves-guilloires d'une capacité chacune de 75 hectolitres; 2° deux tonnes à fermentation ou guilloires pour levure ; 3° une tonne ou guilloire préparatoire de 75 hecto-litres ; 4° une petite guilloire préparatoire de 17 à 18 hectolitres; 5° deux tonnes à levure en fer-blanc ou en tôle mince de 1 hect.75. Tous ces ustensiles sont imposés.

Mais l'impôt n'atteint pas : 6° un grand bac refroi-dissoir à moût ; 7° deux bacs refroidissoirs à levure ; 8° deux cuves-matières ; 9° deux tonnes à levure acide ; 10° une à deux tonnes pour malt vert ; 11° une cuve mouilloire quand on traite le moût par l'acide sulfureux.

C'est dans la tonne à levure acide, non imposée, qu'on brasse le moût pour levure en observant de conserver les intervalles requis. De cette tonne acide, le moût devenu acide à point est versé dans la guil-loire à levure que frappe l'impôt, et on ajoute de la levure-mère. La levure doit avoir atteint son degré le plus élevé de fermentation au moment où le moût est versé sur le bac refroidissoir. Comme dans ce mode de fabrication de l'alcool, on travaille sans interruption nuit et jour, on a presque constamment du moût sur les bacs, ou bien il est facile de se réserver du moût propre à mettre en levain. Pour cela, on dispose une séparation dans le grand bac refroidissoir. On emprunte alors à la guilloire à levure de la levure-mère dont on charge les deux tonnes à levure-mère en tôle qu'on plonge aussitôt dans l'eau froide pour les ramener à la température de 16° C. Le reste de la levure est versé dans la cuve préparatoire de 17 hectolitres où elle est mise en contact avec du moût à la température de 30° C. Ce moût entre aussitôt en fermentation et en moins de 3 à 4 heures il a atteint le point culminant. De là ce levain est introduit dans la grande cuve-guilloire préparatoire de 75 hectolitres au moyen d'une pompe. Cette grande cuve préparatoire est alors remplie de moût jusqu'à la hauteur réservée et abandonnée à la fermentation à la température de 30° C. Ainsi qu'on l'a dit précédemment, la densité la plus convenable pour la fermentation accélérée est de 13 et au plus 14 degrés du saccharomètre.

Dès que le moût mis en levain dans la grande cuve-guilloire préparatoire a fermenté jusqu'à 7 degrés, la moitié de ce moût est transvasé dans la cuve-guilloire appropriée et là on charge celle-ci de moût frais jusqu'à la hauteur marquée; on opère de même sur la cuve-guilloire préparatoire. Lorsque ce moût est en pleine fermentation et que la cuve préparatoire a été de nouveau vidée et disposée pour la fermentation préparatoire de la cuve-matière suivante, on fait couler ce moût dans la seconde cuve-matière

et on a ainsi avec une seule cuve à levure mis en
levain deux cuves avec une quantité de levure suffisante pour que la fermentation préparatoire soit terminée en 16 heures. De cette façon, les quatre cuves-
guilloires sont chargées et déchargées trois fois en 48
heures, ou mieux on distille ou brûle chaque jour
quatre cuves fermentées.

Dans cette fermentation accélérée, il faut avoir le
plus grand soin de maintenir tous les ustensiles dans
un état parfait de propreté et parfaitement exempts
d'acidité. Comme les moûts traités par l'acide sulfureux sont moins exposés à passer à l'acidité, il y a
avantage à faire usage de cet acide, ou mieux, pour
éviter de donner une saveur étrangère à l'alcool, de le
remplacer par l'antichlore ou le bisulfite de soude.

La distillation du mélange exige un autre mode de
travail. L'alcool de mélasse est frappé en Autriche de
l'impôt le plus élevé. Quant à produire avec la farine
et le malt assez de levure pour déterminer une aussi
bonne fermentation que dans le brassage des matières
amylacées, la chose serait peu avantageuse parce
qu'elle élèverait cette levure à la taxe du moût de
mélasse. Avec les moûts de mélasse, chercher une
multiplication de la levure est chose impossible parce
que ces moûts ne régénèrent pas de levure, mais en
consomment. On se sert alors de levure pressée ou de
levure de bière, et on peut admettre que la levure de
100 kilog. de grain moulu, exerce le même effet que
6 kilog. de levure pressée; seulement il faut faire attention que la levure pressée est allongée dans le
commerce pour les trois quarts avec de la fécule de
pommes de terre, ce qui atténue nécessairement son
énergie fermentescible. On a donc proposé un autre

procédé qui donne de bons résultats et qui consiste à faire arriver peu à peu la mélasse. La moitié du moût de mélasse est à 13 degrés saccharimétriques mise en levain à 30° C. avec toute la levure. Dès que le moût est en fermentation complète, on fait couler dans le brassin en fermentation un filet mince de mélasse à 30 degrés, celui-ci est aussitôt affecté à tel point qu'on réussit à faire fermenter en 16 heures un moût sucré.

ARTICLE II. — LEVAINS DE FARINES AIGRES, DE GLUTEN, DE VINASSES, ETC.

Dans quelques pays, et surtout en Allemagne, on remplace souvent la levure par des ferments qu'on désigne sous le nom de levains.

Généralement parlant, les levains ne valent pas la levure des brasseries et des distilleries pour provoquer une fermentation nette et bien caractérisée; on leur reproche même de donner des produits de décomposition différents de ceux de la levure, mais à défaut de bonne levure, ou quand il est impossible de s'en procurer de qualité convenable, ils peuvent rendre des services importants aux distillateurs, surtout dans certains modes d'opérer la fermentation.

Si on abandonne à elle-même une dissolution sucrée contenant une matière azotée d'origine animale, albumine, gluten, fibrine, etc., le sucre entre peu à peu en fermentation alcoolique. Cette fermentation, au lieu de s'accomplir en quelques heures comme avec la levure, exige des semaines et même des mois; mais quoiqu'une portion du sucre échappe à la réaction, il paraît certain que le gluten des céréales et les matières indiquées sont au nombre des agents qui concourent à la fermentation alcoolique.

En effet, M. Berthelot a démontré que les globules de levure de bière ne sont pas nécessaires pour provoquer la formation de l'alcool par la fermentation du sucre, et, d'après ses expériences, il paraîtrait que toute matière azotée d'origine protéique analogue à l'albumine, peut jouer le rôle de ferment alcoolique, si on se place dans des conditions convenables sans qu'il se développe nécessairement des globules de levure. mais ces observations sont peu applicables à la pratique de la distillation.

Levain des boulangers. — La pâte aigrie de froment ou de seigle constitue ce levain, dont quelques auteurs parlent comme d'un ferment ayant la propriété de provoquer une bonne fermentation alcoolique; mais il excite aussi la fermentation acide, puis il est peu efficace, comparativement à la levure de bière; on a calculé qu'il fallait dix à douze fois plus de pâte aigrie pendant six à huit jours à 25 ou 30° C., que de bonne levure de bière en pâte.

On peut aussi détremper de la farine de seigle ou de froment dans de l'eau tiède, à laquelle on ajoute un peu de glucose, de mélasse ou de miel et un peu d'eau-de-vie, on verse de l'eau bouillante sur le mélange, en le débattant jusqu'à ce qu'il soit à demi-liquide et à la température de 60° C., puis on le laisse refroidir jusqu'à 24 ou 25° C. La fermentation ne tarde pas à s'établir naturellement dans le mélange, et quarante-huit heures après, on peut faire usage de ce levain; mais, lors même qu'on l'emploie à forte dose, il ne remplace jamais la levure de bière pour activer la fermentation du moût, et on ne doit s'en servir qu'à défaut de bonne levure.

Levain de gluten. — On produit une autre espèce de levain qu'on prépare avec du gluten de froment provenant de la fabrication de l'amidon de cette céréale, obtenu par le procédé de M. Martin. Ce levain, bien moins efficace que la levure de bière, se prépare comme suit :

On prend du gluten frais en pâte, qu'on expose à l'air dans une cave tempérée ; au bout de huit à dix jours on le malaxe bien avec un litre de mélasse par kilogramme de matière, puis on l'expose à une température de 25° à 30° C. pendant trois semaines à un mois.

Pendant la seconde période, le gluten se ramollit au point de donner une bouillie claire et homogène par l'agitation du mélange ; on réitère cette agitation, au moyen d'une spatule, jusqu'à ce que la fusion soit complète ; alors la matière a acquis la propriété de provoquer la fermentation des substances sucrées, mais à un degré bien inférieur à celui d'une bonne levure de bière.

Voici la composition d'un levain qui a été indiqué par M. Dubrunfaut :

« Dans une cuve préparée et conduite comme celles qui servent à la saccharification des fécules, on décompose du remoulage des farines de seigle et autres par le moyen de l'eau, de la vapeur et de l'acide sulfurique à la dose de 5 pour 100 des farines ; on maintient l'ébullition, d'abord, jusqu'à ce que le liquide cesse de se colorer en bleu par l'iode, ensuite on la prolonge en barbotage pendant six à sept heures. Une quantité de ferment contenant 8 à 10 kilog. de grains ou de remoulage, remplace 1 kilog. de levure et ne coûte rien comme ferment, puisqu'on en trouve le prix par l'alcool que produit son amidon saccharifié. Il constitue un véritable sirop dans lequel la matière amylacée a été transformée en sucre aussi complétement qu'il est possible, et il est à la fois fermentescible par le sucre, et ferment par la matière albuminoïde et glutineuse du gluten. »

Ce ferment est loin de fournir des quantités d'alcool comparables à celles qu'on obtient par le maltage complet ou partiel des grains.

Nous donnerons maintenant le mode de préparation d'un levain dont on fait un fréquent usage en Allemagne, à raison de sa propriété de provoquer, à ce qu'on assure, même dans les moûts très-concentrés, une décomposition vive et complète des matières sucrées.

Environ trente-six heures avant de faire usage de ce levain, on prélève sur les 100 kilogr. de grain malté 4 à 5 kilogr. de malt qui a été faiblement touraillé et moulu finement, qu'on fait macérer dans la plus faible quantité possible d'eau. Après avoir laissé ce moût couvert pendant une heure, on l'expose pendant vingt-quatre heures dans un lieu d'une température modérée pour qu'il surisse. Si cette réaction dans les temps chauds s'opère d'une manière trop prompte ou trop vive, on la tempère par un refroidissement rapide. Pour cela, on fait usage d'un serpentin qu'on introduit dans le moût et au travers duquel on fait circuler de l'eau froide.

Au bout de vingt-quatre heures ou environ douze heures avant de faire usage de ce moût, la température doit être de 20° à 22° C.; alors on y jette envirou 30 grammes de levure de bière en pâte par chaque kilogramme de malt moulu, ou bien quand la distillation roule, 7 à 8 décilitres de levure en bouillie ou de moût de la précédente préparation du levain, et sans addition de nouvelle eau, on laisse fermenter. Au bout de deux heures, les enveloppes du grain s'élèvent à la surface et forment un chapeau d'autant plus épais, que le levain est plus actif. Si on a employé une plus forte proportion d'eau à la macération, plus de 4 litres à peu près par kilog. de malt, le mouvement est généralement plus prononcé, le chapeau disparaît bientôt et le moût ne tarde pas à fermenter avec force, mais alors il faut manipuler avec attention, parce que les moûts dilués prennent aisément trop d'aigreur.

Au bout de douze heures de fermentation, le levain est prêt et peut être ajouté au moût, et après en avoir prélevé environ 1/5ᵉ comme levure en bouillie pour la préparation du levain le jour suivant, le reste est mélangé à un peu de moût plus chaud qui détermine une fermentation plus active dans le levain, et c'est alors qu'on ajoute au moût de la levure avant d'avoir étendu celui-ci d'eau pour le rafraîchir.

L'addition des levures à un moût plus chaud et plus concentré qui s'y mélange intimement, détermine une fermentation plus énergique, même à la basse température que le moût affecte avec l'eau qui sert à le rafraîchir, seulement il faut faire bien attention, quand la fermentation est très-vive et la température élevée, de ne pas pousser la première jusqu'à celle dangereuse de la fermentation acétique ou lactique. Par le procédé qui vient d'être indiqué, on obtient, par une basse température de 18° à 20° C., une fermentation aussi énergique que celle qu'on réalise par une température de 22° à 25° C., à laquelle la moindre surélévation peut déterminer les fermentations acides qu'il faut éviter à tout prix.

On sait qu'on donne le nom de vinasse au résidu fluide de la distillation des matières fermentées, et que lorsqu'on a soumis ces résidus à un repos plus ou moins prolongé pendant lequel il y a eu précipitation de matières tenues en suspension, le liquide qui surnage et qu'on appelle *clair de vinasse* est, comme nous l'avons déjà dit, utilisé dans quelques distilleries. Les clairs de vinasse, dont la composition doit varier suivant le procédé de distillation adopté, n'ont point encore été suffisamment étudiés et analysés, mais tout fait entrevoir qu'ils renferment encore quelques matières amylacées fermentescibles qui ont échappé à la fermentation qui sont, il est vrai, perdues pour la distillation, mais qu'on emploie avec avantage à l'engraissement du bétail. Indépendamment de ces matières amylacées, il est très-présumable que ces vinasses renferment aussi des ferments dont il serait important de connaître la nature et les propriétés. Quoi qu'il en soit, les distillateurs de plusieurs pays se servent aujourd'hui de ces clairs de vinasse refroidis et les ajoutent aux moûts dans les cuves à fermentation pour profiter des matières utiles qu'ils peuvent contenir, et leur faire jouer le rôle de ferments.

En général, ces clairs de vinasse ont une réaction acide, et nous avons dit qu'on assure que cette acidité, quand elle est modérée, était profitable à la distillation, mais comme on est dans l'usage de les faire resservir à plusieurs reprises et que chaque fois qu'ils rentrent en charge, leur acidité augmente, on ne peut guère les employer de suite que quatre à cinq fois, parce qu'autrement ils finiraient par porter un préjudice à la qualité des moûts.

Dans quelques contrées de l'Allemagne, on utilise les vinasses d'une manière un peu différente. On fait macérer les grains, et lorsque cette macération est complète, on y ajoute de la vinasse récente étendue d'eau, on introduit un peu de levure, et quand le tout, après quelque temps de repos, est bien homogène, on décante dans une autre cuve une portion du mélange auquel on ajoute encore le tiers ou la moitié de son volume en vinasse récente. On brasse, on abandonne au repos pendant trente à trente-six heures, et on se sert du contenu de la cuve pour mettre de nouveau moût en levain. On conseille de donner à ce levain une densité de 5° à 6° Baumé (poids spécifique, 1.036 à 1.044), si on veut qu'il développe toute son énergie, et de faire fermenter à 24° ou 25° C.

FIN.

TABLE DES MATIÈRES.